Einfluß von Ozon auf den photooxidativen Abbau von Lackbindemitteln

Von der Fakultät Chemie der Universität Stuttgart
zur Erlangung der Würde eines
Doktors der Naturwissenschaften (Dr. rer. nat.)
genehmigte Abhandlung

vorgelegt von

Judith Haller

aus Stuttgart

Hauptberichter: Professor Dr. L. Dulog
Mitberichter: Professor Dr. F. Zabel
Tag der mündlichen Prüfung: 22. Mai 2000

II. Institut für Technische Chemie der Universität Stuttgart

2000

Judith Haller

Einfluß von Ozon auf den photooxidativen Abbau von Lackbindemitteln

ibidem-Verlag
Stuttgart

Die Deutsche Bibliothek - CIP-Einheitsaufnahme:

Ein Titeldatensatz für diese Publikation ist bei
Der Deutschen Bibliothek erhältlich

∞

Gedruckt auf alterungsbeständigem, säurefreien Papier
Printed on acid-free paper

ISBN: 3-89821-057-X

Printed in Germany

Für Peter

Die vorliegende Arbeit wurde in der Zeit von März 1995 bis Februar 1998 am Forschungsinstitut für Pigmente und Lacke e.V., Stuttgart angefertigt.

Herrn Professor Dr. L. Dulog danke ich für die Überlassung des Themas und für seine Unterstützung am Fortgang der Arbeit.

Mein Dank gilt weiterhin

Herrn G. Dönnebrink für die Hilfe bei analytischen Problemen und die IR-spektroskopischen Untersuchungen,

Frau H. Neher-Schmitz für die sorgfältige Ausführung von Farb- und Glanzmessungen,

Herrn Berger und Herrn Zychla, die bei technischen Problemen mit Rat und Tat zur Seite standen,

Frau A. Fuchs und allen anderen Mitarbeitern des Forschungsinstitutes, die durch ihre Hilfe zum Gelingen dieser Arbeit beigetragen haben.

Inhalt

1 Einleitung und Problemstellung

Die Einsatzgebiete polymerer Werkstoffe weiten sich ständig aus. Besondere Bedeutung kommt hierbei den Anstrichstoffen auf Polymerbasis zu. Eine Lackierung soll dem Gebrauchsgut das gewünschte Erscheinungsbild verleihen, besonders aber einen dauerhaften Schutz vor zerstörenden äußeren Einflüssen gewährleisten. Besonders hohe Anforderungen werden an Beschichtungsmaterialien bei einem Einsatz im Freien gestellt. Temperaturschwankungen, Feuchtigkeitswechsel, Sonnenlicht, meist in Verbindung mit aggressiven atmosphärischen Schadstoffen, wie SO_2, NO_x und O_3, sind nur ein Ausschnitt aus der Vielfalt der Belastungen, vor denen Gebrauchsgüter durch Lacküberzüge wirksam geschützt werden müssen. Mit zunehmendem Alter kommt es oftmals zu einer nachlassenden Schutzwirkung bis hin zur vollständigen Zerstörung der Beschichtung und Schäden am daruntergelegenen Werkstoff oder Bauteil. Durch Witterungseinflüsse und Luftverunreinigungen verkürzt sich die Gesamtlebensdauer von Sachgütern. Nach Thiel et al. belaufen sich die Schäden an Werkstoffen durch Luftverunreinigungen in der Bundesrepublik Deutschland auf ca. 50 Milliarden DM pro Jahr[1].

Gegenstand zahlreicher Untersuchungen der letzten Jahre war die Wirkung von UV-Licht und den anthropogenen Luftschadstoffen SO_2 und NO_x auf Materialschäden an Baumaterialien wie Natursteinen[2], Marmor[3] und Beton[4]. Auch über Schäden an Geotextilien[5] und Lacken[6, 7] wird berichtet. Systematische Untersuchungen von Huber[8] und Lechler[9] führten zu einem besseren Verständnis der Wirkmechanismen von SO_2 und NO_2 auf Polymere in Luft unter Belichtung.

Mit der Entdeckung des Ozonlochs über der Antarktis[10] erregte die Ozonproblematik das Interesse der Öffentlichkeit. Für die weltweite Abnahme des Ozongehalts in der Stratosphäre und den temporären Ozonverlust über der Antarktis macht Zellner die anthropogenen Emissionen in der Troposphäre verantwortlich[11]. Eine Zunahme der kurzwelligen UV-Strahlung auf der Erde sind die Folge. Während der Sommermonate können dagegen in der Troposphäre erhöhte Ozonwerte anthropogenen Ursprungs, sog. Sommersmog, in bodennahen Gebieten gemessen werden. In der Literatur wird von den Auswirkungen erhöhter Ozonkonzentrationen auf Lebewesen[12] und Pflanzen[13] berichtet. Die schädigende Wirkung von Ozon auf Elastomere im gedehnten Zustand ist bekannt und wird zur Beständigkeitsprüfung[14] genutzt. Eine systematische Untersuchung über den Einfluß von Ozon auf Lackbindemittel steht jedoch aus.

In der vorliegenden Arbeit wird deshalb die Wirkung von ozonhaltiger Luft und seine Kombination mit Licht auf Lackbindemittel untersucht. Verglichen mit Proben, die in Reinluft oder lediglich mit Licht belastet werden, sollen die Untersuchungen an den Modellbindemitteln Polymethylmethacrylat und Polystyrol prinzipielle Unterschiede zwischen aliphatischen und aromatischen Polymeren bezüglich ihres Verhaltens gegenüber Ozon aufzeigen.

Technisch eingesetzte Bindemittel auf der Basis von Alkyd-, Epoxid-, Polyurethanharzen und Polyacrylaten werden auf ihre Beständigkeit gegenüber Ozon hin untersucht. Die Wirkung von Ozon wird anhand der Änderung chemischer und physikalischer Eigenschaften der Bindemittel verfolgt und mit Proben, die lediglich mit Licht oder in Reinluft gelagert wurden, verglichen.

2 Theorie

2.1 Ozon

2.1.1 Eigenschaften und technische Anwendungen von Ozon

Ozon ist die dreiatomige Form des elementaren Sauerstoffs. Als stark endotherme und thermodynamisch instabile Verbindung – Ozon zerfällt unter Bildung von Sauerstoff – muß es am Verwendungsort direkt produziert werden. Weitere physikalische Eigenschaften sind Tabelle 1 zu entnehmen.

Tabelle 1 Physikalische Eigenschaften des Ozons[15, 16a]

Molekulargewicht:	48,0 g/mol	Dichte (gas, 0 °C, 101 kPa):	2,144 kg/m³
Siedepunkt:	-111,9 °C	Dichteverhältnis (Luft = 1):	1,66
Schmelzpunkt:	-192,7 °C	Löslichkeit in Wasser (20 °C):	0,57[16] kg/m³
Kritische Temperatur:	-12,1 °C	Geruchsschwelle:	0,01 - 0,015 ml/m³*
Kritischer Druck:	5,53 MPa	MAK-Wert:	0,1 ml/m³*

* 1 ml/m³ = 1 ppm

Technisch wichtigste Eigenschaften sind das starke Oxidationsvermögen des Ozons und seine hohe Wirksamkeit zur Abtötung von Viren[17]. Seit 1906 wird es als Desinfektionsmittel bei der Trinkwasseraufbereitung eingesetzt. Dieser Zweig der Wassertechnik nutzt heute Ozon zusätzlich als Hilfsmittel bei der Filtration und Flockung. Auch zur Entfärbung und Entgiftung von Abwasser und als Bleichmittel für Fasern wird Ozon verwendet. Ein weiteres Einsatzgebiet ist das Entkeimen von Luft und der Abbau von Geruchsstoffen in der Abluft[15]. Hansen et al.[18] berichten von einer effektiveren und schonenderen Reinigung optischer Elemente durch Ozon kombiniert mit UV-Licht.

2.1.2 Erzeugung, Messung und Vernichtung von Ozon

Die allgemeine Darstellung von Ozon beruht auf der Einwirkung von Sauerstoffatomen auf Sauerstoffmoleküle nach folgenen Gleichungen (1)-(3)[17]:

$$249{,}3\ \text{kJ/mol} + \tfrac{1}{2}\,O_2 \rightarrow O \qquad (1)$$

$$O + O_2 \rightarrow O_3 + 106{,}5\ \text{kJ/mol} \qquad (2)$$

$$142{,}8\ \text{kJ/mol} + 1\tfrac{1}{2}\,O_2 \rightarrow O_3 \qquad (3)$$

Verschiedene Bildungsweisen unterscheiden sich in der Erzeugung der Sauerstoffatome und der Energiezufuhr. Technisch wird Ozon aus molekularem Sauerstoff oder Luft dargestellt[16]. Die nach Gleichung (1) benötigte Energie zur Sauerstoffspaltung kann photochemisch oder, wie im W.-v.-Siemens-Verfahren[19], elektrisch zugeführt werden. Die photochemische Anregung von Sauerstoffmolekülen mit Licht der Wellenlänge <242 nm eignet sich für die Darstellung geringerer Ozonkonzentrationen, wohingegen höhere Konzentrationen durch Zufuhr elektrischer Energie erzeugt werden.

Im „Siemens'schen Ozonisator" wird durch einen Spalt zwischen zwei leitenden Elektroden, die durch ein Dielektrikum getrennt sind, ein trockener Sauerstoff- oder Luftstrom geleitet. Beim Anlegen einer niederfrequenten Hochspannung entsteht durch sogenannte „stille" elektrische Entladung ein ozonhaltiges Luftgemisch[20], dessen Ozongehalt unter anderem von der Effizienz des verwendeten Kühlsystems (Luft- oder Wasser) abhängt. Weitere die Ozonproduktion beeinflussende Faktoren sind die Zusammensetzung (Sauerstoff-/Stickstoffgehalt und Spurenstoffe) und der Taupunkt des Betriebsgases, sowie die Leistung der Hochspannungseinrichtung[21, 22].

In der Literatur sind zahlreiche Methoden zur kontinuierlichen und diskontinuierlichen Messung von Ozon in gasförmigen Systemen beschrieben[23]. Neben Bestimmungsmethoden, die charakteristische chemische Eigenschaften des Ozons ausnutzen, wird die UV-Spektroskopie zur Konzentrationsmessung eingesetzt.

Die starke Oxidationswirkung des Ozons wird bei einem von der Firma Dräger zur Konzentrationsbestimmung genutzten diskontinuierlichen Verfahren angewandt[24]. Prinzip ist die Reaktion des blauen Farbstoffs Indigo **1** mit Ozon unter Aufspaltung einer Doppelbindung und Bildung des farblosen Isatins **2** (4). Der Fortschritt der Entfärbung ist ein Maß für den Gehalt an Ozon im Prüfgas. Im Vergleich mit anderen Meßverfahren stellen Seifert et al.[25] nur in unteren Konzentrationsbereichen verlässliche Werte fest. Daher schlagen sie dieses Verfahren für die Ermittlung der Größenordnung der Ozonkonzentration vor.

$$\mathbf{1} + O_3 \longrightarrow 2\ \mathbf{2} \qquad (4)$$

1 **2**

Kontinuierliche Verfahren für die Konzentrationsbestimmung in gasförmigen Systemen sind die Chemilumineszenz-Methode[26] oder die Absorption des Ozons im UV-Bereich[27]. Physikalische Grundlage des Verfahrens ist die Absorption elekromagnetischer Strahlung der Wellenlänge 253,7 nm durch Ozon. Beim Durchgang des Lichts mit der Intensität I_0 durch eine Meßküvette mit ozonhaltigem Gas wird die Intensität auf den Wert I abgeschwächt, während in einer Referenzküvette keine Intensitätsabnahme beobachtet werden kann. Die Ozonkonzentration wird als Quotient der Intensität im Meßkanal und im Referenzkanal nach dem Gesetz von Lambert-Beer (5) berechnet.

$$I = I_0 \exp[-\varepsilon \bullet c \bullet d] \qquad (5)$$

mit I_0 Intensität des einfallenden Lichtes $[W \bullet cm^{-1}]$
I Intensität des austretenden Lichtes $[W \bullet cm^{-1}]$
c Konzentration des Ozons $[mol \bullet l^{-1}]$
ε molarer Extinktionskoeffizient mit $\varepsilon = 3024\ l \bullet mol^{-1} \bullet cm^{-1}$
d Schichtdicke [cm]

Erni et al.[28] beschreiben die UV-Methode unter bestimmten Voraussetzungen als das zuverlässigste Meßverfahren. Leitungen müssen ozonausgezehrt sein, d.h. Reaktionen von Ozon mit Verunreinigungen sind ausgeschlossen, die Abmessungen der Gasküvette sollten dem Meßbereich angepaßt sein und in der Meßküvette darf keine meßbare Ozonzersetzung auftreten. Nach Maier et al.[29] ist der Ozonzerfall $< 1\,{}^0/_{00}$ bei einem Gasdurchsatz von 1 l/min.

Die hohe Toxizität des Ozons macht eine vollständige Vernichtung von Restozon in Anlagen und Geräten (Kopierer und Laserdrucker) erforderlich. Gängige Filtermaterialien auf der Basis von Aktivkohle oder Übergangsmetallen und deren Oxiden[17] katalysieren den Zerfall des Ozons zu Sauerstoff. Verschiedene polymere Filtermaterialien (Schema 1) vergleicht Smuda[30] hinsichtlich ihrer Fähigkeit Ozon zu zerstören.

Schema 1 polymere Filtermaterialien zur Ozoneliminierung nach Smuda[30]

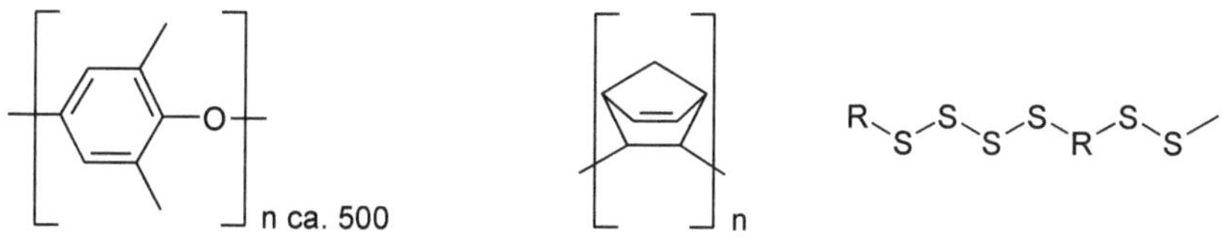

n ca. 500

Poly-2,6-dimethylphenylenoxid

n

Polynorbornadien

R S S S S R S S

Polysulfide

Schema 1 Fortsetzung

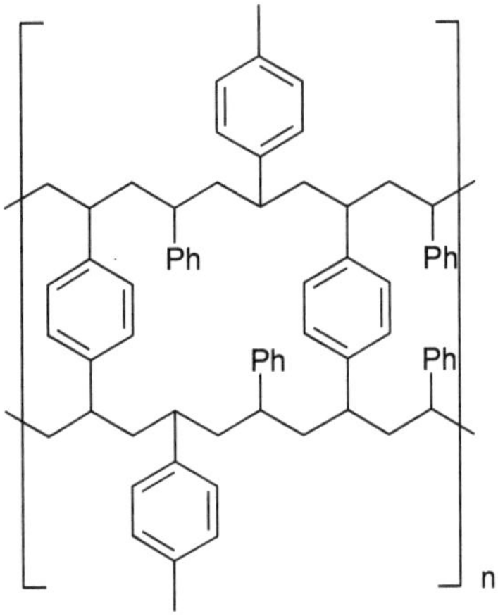

Polystyrol/Divinylbenzol

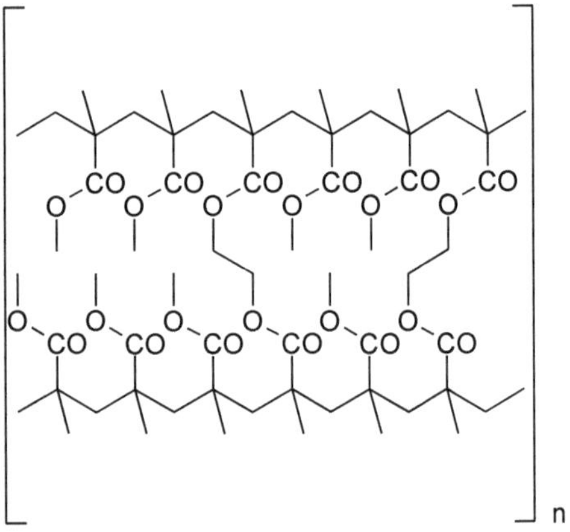

Polyacrylsäureester

Die Löslichkeit des Ozons in Wasser läßt sich ebenfalls zur Vernichtung ausnutzen[31]. Nach dem Henryschen Gesetz (6) ist die Ozonkonzentration in der wässrigen Phase (c_w) gegeben durch

$$c_w = c_g \, k \tag{6}$$

mit c_w Ozonkonzentration in Wasser [mg/l O_3]
c_g Ozonkonzentration in der Gasphase, proportional dem Partialdruck [mg/l O_3]
k Absorptionskoeffizient

Eine wässrige Ozonlösung ist metastabil. Grund hierfür ist der autokatalytische oder innere Ozonzerfall, der temperatur[32]- und pH-abhängig ist. Teramoto et al.[33] finden als Geschwindigkeitsgesetz bei pH-Werten größer 8 für den Zerfall:

$$- d[O_3]/dt = 374 \, [O_3] \, [OH^-]^{0,88} \tag{7}$$

mit $[O_3]$ Ozonkonzentration in Wasser [mol/l]
$[OH^-]$ Hydroxylionenkonzentration [mol/l]

Die Löslichkeit des Ozons in Wasser wird bei tiefen Temperaturen begünstigt; höhere Temperaturen und ein alkalisches Medium sind dagegen für einen schnellen Ozonzerfall wünschenswert.

2.2 Ozon in der Atmosphäre

2.2.1 Einführung

Die Luft setzt sich aus den Hauptbestandteilen - Stickstoff (78,09 Vol%) und Sauerstoff (20,95 Vol%) -, dem Nebenbestandteil Argon (0,93 Vol%) und einer großen Zahl an Spurengasen (0,04 Vol%), denen auch das Ozon zugerechnet wird, zusammen[34a]. Unterschieden werden anorganische von organischen Spurengasen, die natürlichen aber auch anthropogenen Ursprungs sein können.

Die Ozonkonzentration in der Atmosphäre ist abhängig von der Höhe über dem Erdboden. 90 % des Gesamtozons sind in der Stratosphäre mit einem Maximum zwischen 25 - 30 km Höhe, der Ozonschicht, zu finden, die restlichen 10 % in der Troposphäre. Dieser schematischen Verteilung sind Schwankungen mit der geographischen Breite, der Jahres- und Tageszeit überlagert[11]. Eine Einteilung der Atmosphäre nach dem Temperaturprofil ist in Abbildung 1 wiedergegeben[17]. Man unterscheidet Troposphäre, Statosphäre, Meso- und Thermosphäre. Tropo- und Stratopause wirken als Grenzschichten zwischen einzelnen Kompartimenten. Wichtigste Kompartimente für die Ozonchemie sind die Strato- und die Troposphäre, die sich durch unterschiedliche Ozonbildungs- und Zerfallsmechanismen auszeichnen.

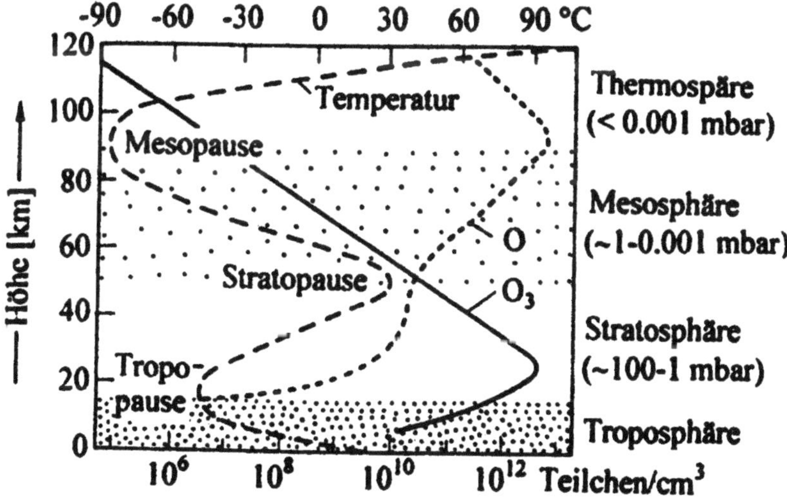

Abb. 1 Einteilung der Atmosphäre nach ihrem Temperaturverlauf[17]

2.2.2 Ozonchemie der Stratosphäre

Die Ozonchemie der Stratosphäre[34b] ist gekennzeichnet durch ein photochemisches Gleichgewicht zwischen Ozonbildung (8), (9) und -zerfall (10), (11)[17]. Dieser Chapman-Zyklus ist für die Absorption der schädigenden Strahlung im kurzwelligen UV-Bereich zwischen 200 und 295 nm verantwortlich.

Ozonbildung:

$$O_2 + h\nu \rightarrow 2\ O^{\bullet} \quad (8)$$

$$O^{\bullet} + O_2 \rightarrow O_3 \quad (9)$$

Ozonzerfall:

$$O_3 + h\nu \rightarrow O_2 + O^{\bullet} \quad (10)$$

$$O^{\bullet} + O_3 \rightarrow 2\ O_2 \quad (11)$$

Diesem dynamischen Gleichgewicht sind katalytische Ozonabbauzyklen überlagert[34b]. Als Katalysatoren, die photochemisch oder chemisch aus natürlichen und anthropogenen Quellengasen gebildet werden, kommen $OH^{\bullet}$, $NO_x^{\bullet}$, $ClO_x^{\bullet}$ in Frage. Die Katalysatoren wirken einzeln auf das Sauerstoffsystem ein. Komplexität wird aber dadurch erzeugt, daß sie untereinander verknüpft sind. Die Gleichungen (12) - (14) skizzieren den katalytischen Abbau von Ozon am Beispiel chlorhaltiger Radikale[35].

$$Cl^{\bullet} + O_3 \rightarrow ClO^{\bullet} + O_2 \quad (12)$$

$$ClO^{\bullet} + O^{\bullet} \rightarrow Cl^{\bullet} + O_2 \quad (13)$$

$$O_3 + O^{\bullet} \rightarrow 2\ O_2 \quad (14)$$

Die Zunahme anthropogener Luftschadstoffe in den letzten Jahren - vor allem den Fluorchlorkohlenwasserstoffen - führte zu einem geringeren Ozonanteil in der Stratosphäre. Als Folge davon nimmt nach Zellner[11] die UV-B-Intensität in Bodennähe zu.

2.2.3 Ozonchemie der Troposphäre

Die Ozonchemie der Troposphäre ist eng verknüpft mit den Emissionen anthropogener Luftschadstoffe[34c]. Diese führen vor allem in den Sommermonaten zu einer erhöhten Ozonbelastung in Bodennähe, dem photochemischen Smog[36]. Ausgehend von der Stickstoffdioxid-Photolyse bei Wellenlängen λ < 420 nm wird Ozon gebildet, das bei der Oxidation von Stickstoffmonoxid zu -dioxid wieder verbraucht wird. Es stellt sich ein photostationäres Gleichgewicht ein. Die beim photooxidativen Abbau von leichtflüchtigen organischen Verbindungen (VOC) entstehenden Peroxidradikale $RO_2^{\bullet}$ greifen in das Gleichgewicht ein und führen zu höheren Ozonkonzentrationen. Abbildung 2 verdeutlicht die Zusammenhänge.

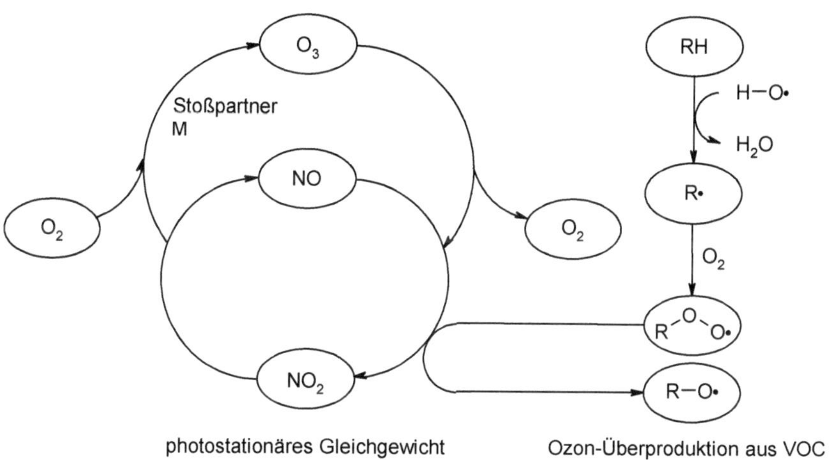

Abb. 2 schematische Darstellung der troposphärischen Ozonproduktion[36]

2.3 Photochemie

2.3.1 Grundlagen der Photochemie

In photochemischen Reaktionen, die von elektronisch angeregten Zuständen ausgehen, wird die für die Umsetzung notwendige Energie durch Strahlung in Form von sichtbarem oder ultraviolettem Licht zugeführt. Für ihren Verlauf ist die Art des photoaktiven Anregungszustandes und mögliche photophysikalische Folgeprozesse von Bedeutung. Das Jablonski-Termschema (Abb. 3) gibt die mit der Anregung bzw. der Desaktivierung ihrer angeregten Zustände verbundenen Schritte in Abhängigkeit der Energie wieder[37]. Bei der Absorption (**A**) von Photonen geeigneter Energie geht ein Molekül vom Grundzustand (**S_0**) in einen elektronisch angeregten Zustand (**S_1**) definierter Energie, Struktur und Lebensdauer über. Zusätzlich zur elektronischen Anregung werden Schwingungen angeregt[38a]. Elektronen aus angeregten Schwingungszuständen gehen durch Schwingungsrelaxation (**SR**) in den Schwingungsgrundzustand des elektronischen Zustandes **S_1** über. Durch Internal Conversion (**IC**) strahlungslos oder unter Aussenden von Strahlung, als Floureszenz (**F**) bezeichnet, geht ein Elektron aus **S_1** in **S_0** über. Der strahlungslose Übergang aus **S_1** in den Triplettgrundzustand **T_1** ist mit einer Spinumkehr verbunden und wird Intersystem Crossing (**ISC**) genannt. Ein Elektron geht aus **T_1** unter Abgabe von Strahlung in **S_0** über. Dieser Übergang wird als Phosphoreszenz (**P**) bezeichnet.

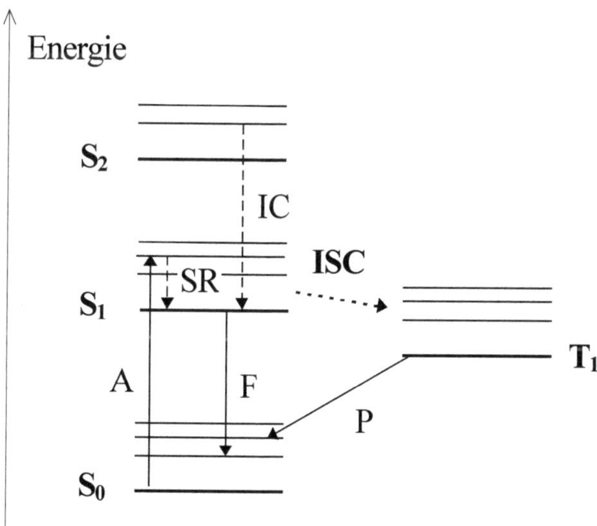

Abb. 3 vereinfachtes Jablonski-Termschema[37]

2.3.2 Sonnenstrahlung

Als Strahlungsquelle der Erde liefert die Sonne ein kontinuierliches Spektrum von 10^{2} - 10^{6} m. Beim Durchgang der Strahlung durch die Atmosphäre wird dieses Spektrum durch Streuung, Reflexion und Reaktionen der atmosphärischen Inhaltsstoffe verändert. Die Erdoberfläche erreicht lediglich Strahlung im Wellenlängenbereich zwischen 295 und 2200 nm, die Globalstrahlung. Wie in Tabelle 2 dargestellt, entfallen 53 % auf die Infrarotstrahlung, 43 % auf das sichtbare Licht und lediglich 4 - 6 % können dem Ultraviolett zugerechnet werden[39].

Tabelle 2 Anteil und Spektralbereich der Globalstrahlung[39]

Strahlungsart	Wellenlänge in nm	Anteil an der Globalstrahlung in %
Ultraviolettstrahlung	100 - 400	4 - 6
UV-C UV-B UV-A	100 - 280 280 - 315 315 - 400	
Sichtbares Licht	400 - 780	43
Infrarotstrahlung	780 - 2200	53

2.3.3 Bildung photochemisch aktivierter Sauerstoffspezies aus Ozon

Das Absorptionsspektrum von Ozon zeigt drei Absorptionsbanden. Die Hartley-Bande im Spektralbereich von 200 - 320 nm, die Huggins-Bande von 300 - 360 nm und die Chappius-Bande von 440 - 850 nm. Die Energie des eingestrahlten Lichts beeinflußt die in primären photochemischen Prozessen entstehenden Sauerstoffspezies[40a].

Im Bereich der Hartley-Bande zerfällt Ozon in Singulett-Sauerstoff ($^{1}O_2$) und atomaren Sauerstoff im elektronisch angeregten ^{1}D-Zustand (15). Beide Primärprodukte können mit Ozon weiterreagieren (16), (17).

$$O_3 \xrightarrow{200\text{-}320\ nm} O(^{1}D) + {}^{1}O_2(^{1}\Delta_g) \quad (15)$$

$$O(^{1}D) + O_3 \rightarrow 2\ O^{\bullet} + O_2 \quad (16)$$

$$^{1}O_2(^{1}\Delta_g) + O_3 \rightarrow O^{\bullet} + 2\ O_2 \quad (17)$$

Mit elektromagnetischer Strahlung im Wellenlängenbereich 300 - 360 nm bildet sich beim Zerfall des Ozons (18) Singulett-Sauerstoff ($^1O_2$) und atomarer Sauerstoff im Grundzustand (^3P). Die Folgereaktionen dieser Spezies mit Ozon sind in (19) und (20) dargestellt.

$$O_3 \xrightarrow{300\text{-}360\ nm} O\ (^3P) + {}^1O_2\ (^1\Delta_g, {}^3\Sigma^+_g) \quad (18)$$

$$O\ (^3P) + O_3 \rightarrow 2\ O_2 \quad (19)$$

$$^1O_2\ (^1\Delta_g, {}^3\Sigma^+_g) + O_3 \rightarrow O\ (^3P) + 2\ O_2 \quad (20)$$

Beim Zerfall des Ozons mit elektromagnetischer Strahlung zwischen 440 - 850 nm entstehen Fragmente im Grundzustand (21).

$$O_3 \xrightarrow{440\text{-}850\ nm} O\ (^3P) + O_2 \quad (21)$$

Singulett-Sauerstoff ($^1O_2$) ist eine reaktive kurzlebige Spezies, die in Abwesenheit geeigneter Reaktionspartner unter Emission bei 633,4 und 759,6 nm in Triplett-Sauerstoff ($^3O_2$) übergeht. Die Lebensdauer τ beträgt 10^{-4} sec (Stoßdesaktivierung bei 1 atm. in synthetischer Luft)[17].

Der atomare Sauerstoff im angeregten Singulett-Zustand O (^1D) reagiert mit Wasserdampf unter Bildung von Hydroxylradikalen ($HO^\bullet$) mit einer Lebensdauer von 1 sec (22). Diese können, ähnlich den Stickoxiden, katalytisch auf den Ozonabbau wirken (23). Intermediär werden Perhydroxylradikale (HOO) mit einer Lebensdauer von 1 min gebildet[41]. Sie reagieren nach (24) weiter. Die Konzentration an Hydroxylradikalen in der Troposphäre gibt Becker mit (6 ± 2) 10^5 cm^{-3} an[42]. Diese Spezies bestimmt die Abbaugeschwindigkeit atmosphärischer Spurenstoffe, wohingegen Reaktionen mit Ozon oder die direkte Photolyse eine untergeordnete Bedeutung besitzen.

$$O\ (^1D) + H_2O \rightarrow 2\ HO^\bullet \quad (22)$$

$$HO^\bullet + O_3 \rightarrow HO_2^\bullet + O_2 \quad (23)$$

$$HO_2^\bullet + O_3 \rightarrow HO^\bullet + 2\ O_2 \quad (24)$$

Die Reaktionen des atomaren Sauerstoffs im Grundzustand O(^{3}P) sind in Schema 2 dargestellt. Als Produkte bilden sichSingulett-Sauerstoff oder Ozon.

Schema 2 Reaktionen des atomaren Sauerstoffs im Grundzustand ^{3}P

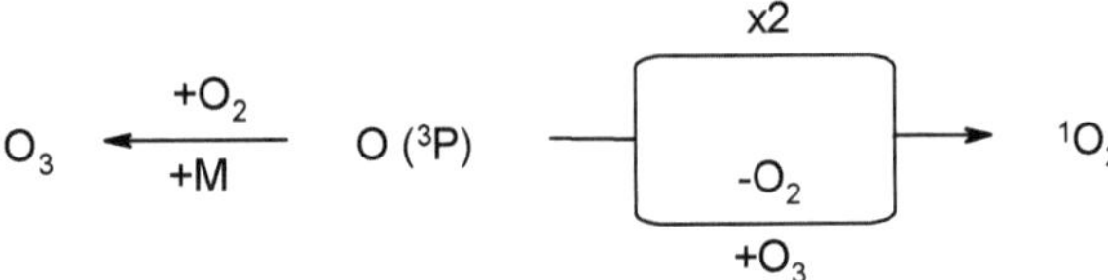

2.4 Reaktionen organischer Verbindungen mit Ozon und seinen Folgeprodukten

2.4.1 Einführung

Ozon reagiert mit verschiedenen funktionellen Gruppen in organischen Verbindungen. Untersuchungen an niedermolekularen Modellverbindungen lassen Rückschlüsse auf mögliche Reaktionsprodukte in Polymeren zu[43].

Beim oxidativen Polymerabbau unter Ozoneinfluß müssen zusätzlich Reaktionen der aktiven Sauerstoffspezies berücksichtigt werden. Bedeutend in der Troposphäre sind vor allem Hydroxylradikale (s. 2.3.3).

2.4.2 Niedermolekulare Verbindungen als Reaktionspartner

2.4.2.1 Reaktionen mit Ozon[43]

Ozon reagiert mit Alkanen unter Einführung einer Hydroxyfunktion. Tertiäre C-H-Bindungen werden zu tertiären Alkoholen oxidiert (25). Aus sekundären bzw. primären C-H-Bindungen (26), (27) bilden sich Ketone und Carbonsäuren, die weiteroxidiert werden können. Die Reaktivität nimmt in der Reihe von primären bis tertiären Kohlenstoff-Wasserstoff-Bindungen zu. Hamilton et al.[44] beobachten bis zu 25 % Fragmentierung bei Oxidationen, die zu 60 - 70 % unter Retention der Konfiguration verlaufen. Benson[45] schlägt einen radikalischen Mechanismus vor.

$$R_3C{-}H + O_3 \longrightarrow R_3C{-}OH + O_2 \qquad (25)$$

$$R_2CH{-}H + O_3 \longrightarrow R_2C{=}O + H_2O + 1/2\,O_2 \qquad (26)$$

$$RH_2C{-}H + O_3 \longrightarrow R{-}COOH + H_2O \qquad (27)$$

Die in Alkoholen und Ethern aktivierte α-Position kann mit Ozon unter Oxidation reagieren (28) - (31).

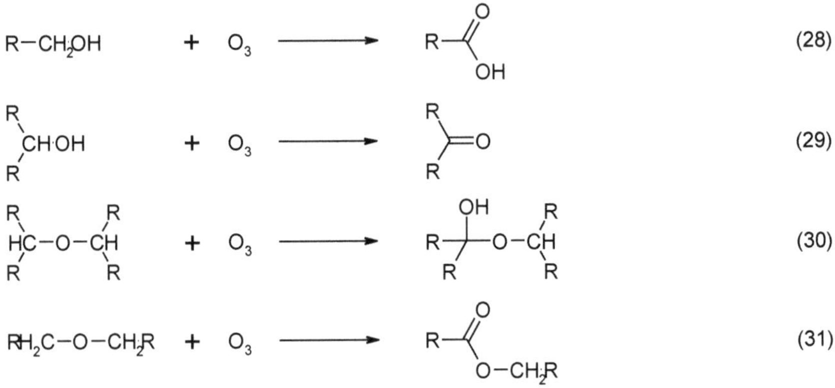

$$R-CH_2OH + O_3 \longrightarrow R-C(=O)OH \quad (28)$$

$$R_2CH{\cdot}OH + O_3 \longrightarrow R_2C=O \quad (29)$$

$$R_2HC-O-CHR_2 + O_3 \longrightarrow R_2C(OH)-O-CHR_2 \quad (30)$$

$$RH_2C-O-CH_2R + O_3 \longrightarrow R-C(=O)-O-CH_2R \quad (31)$$

Die Reaktion von Alkenen mit Ozon ist unter dem Begriff der Ozonolyse (Schema 3) bekannt und dient zur Strukturaufklärung in der organischen Chemie. In einer 1,3-dipolaren Cycloaddition erfolgt der Angriff von Ozon und führt zu einer 1,2,3-Trioxolan-Struktur, dem Primärozonid **3**[46].

Schema 3 Reaktion von Alkenen mit Ozon

$$R_2C=CR_2 + O_3 \longrightarrow \mathbf{3} \longrightarrow R_2C=O\ (\mathbf{4}) + \left[R_2C^{+}-O-O^{-} \longleftrightarrow R_2C=O^{+}-O^{-}\right]\ (\mathbf{5})$$

$$\mathbf{5} \xrightarrow{\text{Isomerisierung}} O=C(OR)R\ (\mathbf{6})$$

$$\mathbf{5} \xrightarrow{\text{Polymerisation}} \left[-O-O-CR_2-\right]_n\ (\mathbf{7})$$

$$\mathbf{5} \xrightarrow[\text{Hydroperoxid-bildung}]{+\,H_2O} HO-CR_2-OOH\ (\mathbf{8})$$

$$\mathbf{5} \xrightarrow[\text{Ozonidbildung}]{+\,R_2C=O} \text{1,2,4-Trioxolan}\ R_2C(O)(O-O)CR_2\ (\mathbf{9})$$

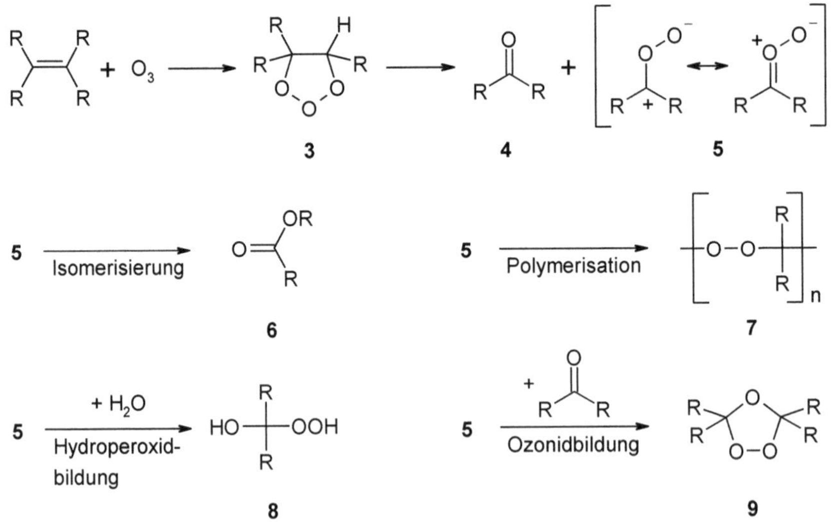

Dieses ist instabil und zerfällt je nach Ausgangsolefin in ein Aldehyd oder Keton **4** und eine Carbonylkomponente **5**, die unter Isomerisierung **6**, Hydroperoxidbildung **8**, Polymerisation **7** oder Ozonidbildung **8** stabilisiert wird. Der Reaktionsverlauf hängt von der Reaktionsführung und vom Edukt ab. Je höher das Alken substituiert ist, desto schneller läuft die Reaktion ab.

Ozon greift Aromaten unter Zerstörung des aromatischen Systems an (Schema 4). Die Reaktivität ist gegenüber Olefinen stark herabgesetzt, da die Oxidation mit einer Zerstörung des aromatischen Systems einhergeht. Eine Weiteroxidation der Dialdehyde zu niedermolekularen Carbonsäuren ist bekannt.

Schema 4 Reaktion von Ozon mit Aromaten

$+ O_3 \longrightarrow$ H, O, O, O, H $\longrightarrow$ CHO, CHO $\Rrightarrow$

In einer ozonkatalysierten Autooxidation werden Aldehyde zu Gemischen entsprechender Percarbon- und Carbonsäuren oxidiert (32), wohingegen Ketone nicht angegriffen werden.

$$2\ R{-}CHO + O_3 \longrightarrow R{-}COOH + R{-}CO{-}OOH \qquad (32)$$

Primäre Amine werden durch Ozon zu Nitroverbindungen oxidiert (33). Als Nebenreaktion tritt oxidative C-N-Bindungsspaltung auf. Tertiäre Amine reagieren zu Aminoxiden (34), die nur bei tiefen Temperaturen stabil sind. Über das Oxidationsverhalten sekundärer Amine ist wenig bekannt.

$$R{-}NH_2 + O_3 \rightarrow R{-}NO_2 \qquad (33)$$

$$R_3N + O_3 \rightarrow R_3N^{+} \rightarrow O^{-} \qquad (34)$$

Bestimmte Inhaltsstoffe (Schema 5) in den Nadeln der Bäume machen Sandermann et al.[47] für Waldschäden verantwortlich. Sie gehen von einer Wechselwirkung chemischer Struktureinheiten dieser Nadelinhaltsstoffe mit Ozon aus.

Schema 5 Nadelinhaltsstoffe der Bäume, die auf Ozon ansprechen[47]

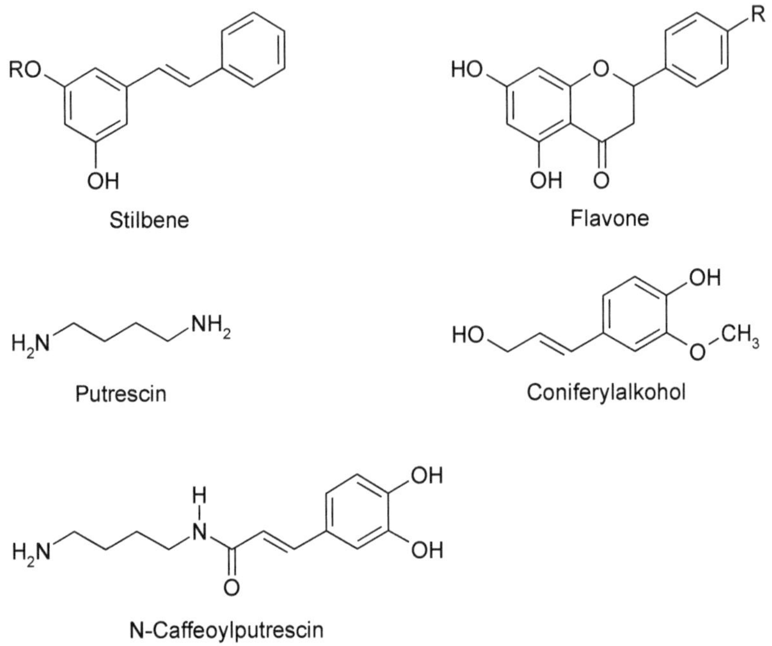

2.4.2.2 Reaktionen mit Singulett-Sauerstoff[48]

Singulettsauerstoff bildet mit Alkenen in einer En-Reaktion Hydroperoxide (35). Dabei wandert die Doppelbindung an die benachbarte Position.

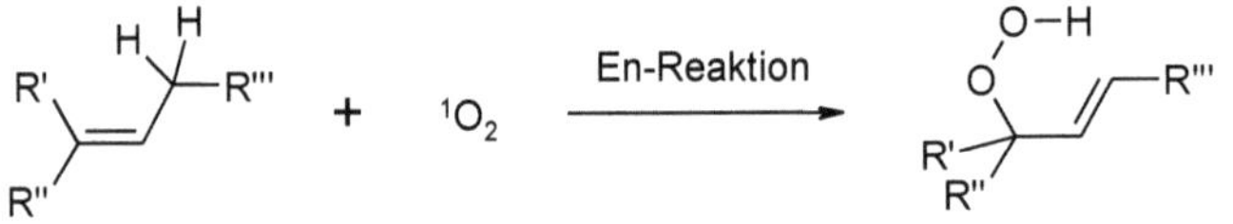

(35)

2.4.2.3 Reaktionen mit Hydroxylradikalen[38b]

Hydroxylradikale abstrahieren an Alkanen Waserstoffatome. Es entsteht ein Alkylradikal und Wasser (36), das in Polymerfilme eingelagert werden kann. Mit Aromaten (37) oder Alkenen (38) findet eine Addition an die Doppelbindung statt. Die Reaktivität steigt von Alkanen über Aromaten zu Alkenen. Durch den aktivierenden Einfluß des Sauerstoffs sind Ether reaktiver als die entsprechenden Alkane. Carbonylgruppen wirken desaktivierend[49].

$$R{-}CH_2R' + HO\bullet \longrightarrow R{-}\dot{C}HR' + H_2O \qquad (36)$$

$$-CH_2-CH(C_6H_5)- + HO\bullet \longrightarrow -CH_2-CH(C_6H_5(H)(OH)\bullet)- \xrightarrow[-RH]{+R\bullet} -CH_2-CH(C_6H_4OH)- \qquad (37)$$

$$H_2C{=}CHR + HO\bullet \longrightarrow HO{-}H_2C{-}\dot{C}HR \xrightarrow[-R\bullet]{+RH} HO{-}H_2C{-}CH_2R \qquad (38)$$

2.4.3 Reaktionen mit Polymeren

2.4.3.1 Einführung

Razumovskii et al.[50] untersuchen den Einfluß von Ozon auf polymere Materialien, der verglichen mit der Reaktion von Ozon mit niedermolekularen Verbindungen bis zu zehn mal langsamer abläuft. Wie auch andere Autoren gehen sie von einem beschleunigten Polymerabbau in Gegenwart von Schadgasen aus. Ein Angriff des Schadgases Ozon erfolgt nahe der Polymeroberfläche nach einem radikalischen Mechanismus (39) - (41). Intermediate sind Hydroxyl- und Polymerperoxy-Radikale.

$$PH + O_3 \rightarrow PO_2^{\bullet} + HO^{\bullet} \qquad (39)$$

$$PO_2^{\bullet} + PH \rightarrow POOH + P^{\bullet} \qquad (40)$$

$$P^{\bullet} + O_2 \rightarrow POO^{\bullet} \rightarrow \qquad (41)$$

Die Autoren finden eine Abhängigkeit des Abbaus von der Art des Polymeren und stellen eine Reaktivitätsreihe verschiedener funktioneller Gruppen gegenüber dem Angriff durch Ozon auf.

$$-CH_2- < -CH_2-\overset{\overset{O}{\|}}{C}-CH_2- < -\overset{\overset{OH}{|}}{C}H-,\ -\overset{\overset{O}{\|}}{C}-H < -\overset{\overset{OOH}{|}}{C}H- < Ph-OH < R_2C{=}CR_2 < Ph-NH-Ph$$

2.4.3.2 Reaktion mit Polyethylen

Die partielle Oxidation von Polyethylen durch Ozon wird in der Technik eingesetzt, um die Haftfestigkeit zu erhöhen. Infrarotspektroskopisch werden sauerstoffhaltige funktionelle Gruppen nachgewiesen. Der radikalische Oxidationsmechanismus (s. 2.4.3.1) ist auf andere gesättigte Polymere übertragbar (Schema 6).

2.4.3.3 Reaktion mit Polystyrol

Ozon kann in Polystyrol die benzylischen Wasserstoffatome und die aromatischen Ringe angreifen, oder nach Cameron et al.[51] mit chinoiden Verunreinigungen reagieren. Razumovskii et al.[52] beobachten keinen Angriff des Phenylrings durch Ozon, andere[53] gehen von diesem aus. Weitere Untersuchungen von Razumovskii et al.[50] messen dem Angriff von Ozon an aromatischen Ringen nur bei kondensierten Aromaten Bedeutung bei. Einigkeit besteht lediglich darin, daß am Initiierungsschritt Radikale beteiligt sind[54]. Greift Ozon die benzylischen Wasserstoffatome an, werden Hydroxygruppen oder Polymerperoxy-Radikale gebildet, die sich durch Ketogruppen oder Kettenspaltung stabilisieren (Schema 7).

Schema 6 Angriff von Ozon an Polyethylen

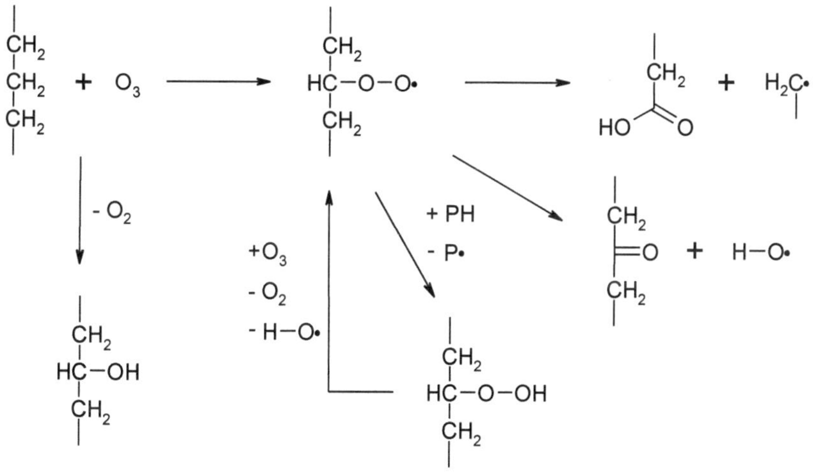

CH2 CH2 CH2 + O3 → HC−O−O• → CH2 HO O + H2C•

- O2 → HC−OH

+ PH − P• → HC−O−OH

+O3 −O2 −H−O•

C=O + H−O•

Schema 7 Reaktionen von Ozon mit Polystyrol nach Razumovskii et al.[50]

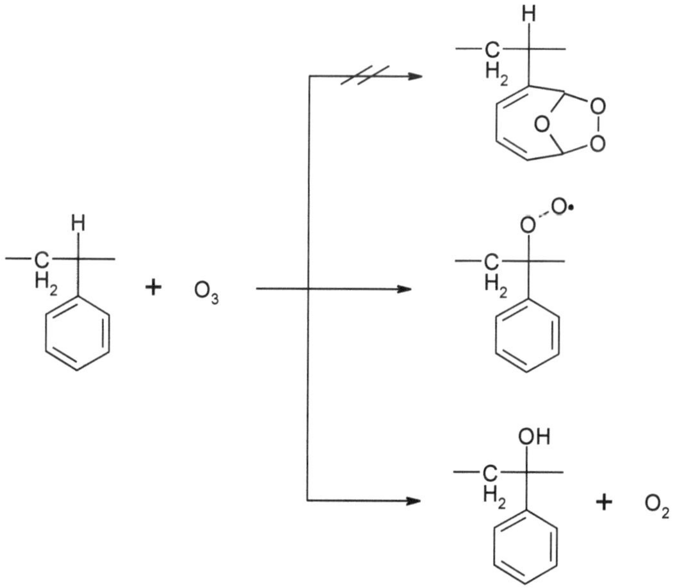

H C H2 + O3

O O O

O O•

OH + O2

Fortsetzung Schema 7

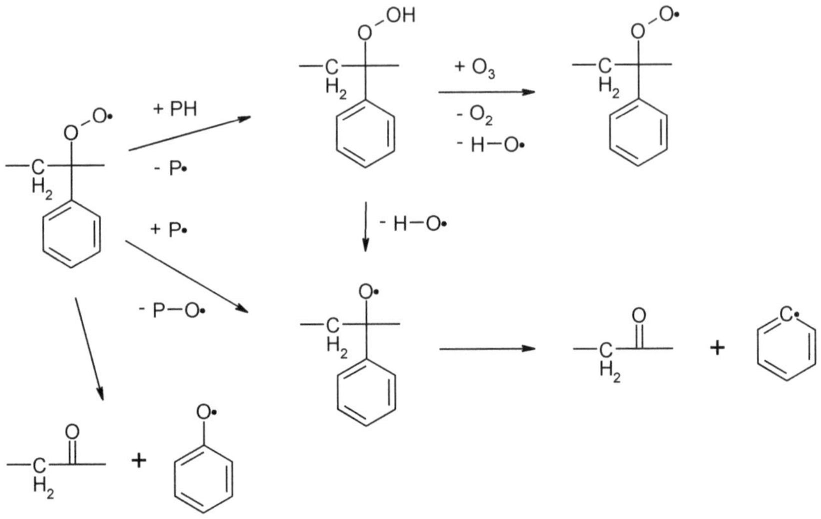

Reagiert Ozon mit einem Polystyrolfilm, so beobachten Razumovskii et al.[52] die Bildung von Gel. Verantwortlich machen sie dafür die Rekombination von Hydroxyl-, Phenoxyl- oder Alkyl-Radikalen, die zuEtherstrukturen (42) oder C-C-Knüpfungen führen.

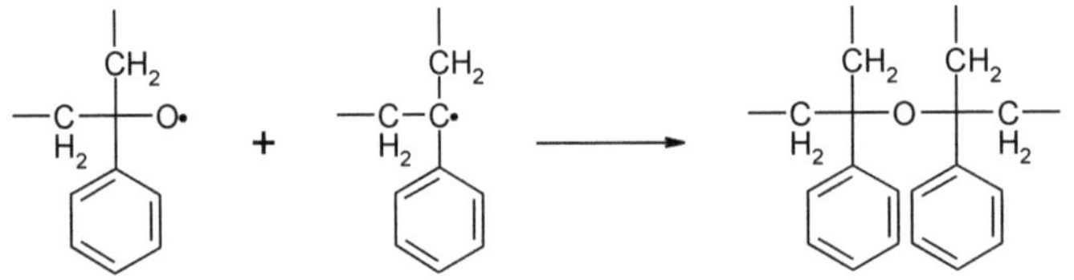

(42)

2.4.3.4 Reaktion mit ungesättigten Polymeren

Untersuchungen an Kautschukvulkanisaten zeigen, daß Vulkanisate mit ungesättigten Strukturen stärker durch Ozon angegriffen werden als gesättigte[52]. Anzahl und Art der Substituenten beeinflussen die Stabilität gegenüber Ozon. Elektronenschiebende Substituenten (+ I-Effekt) und ein höherer Doppelbindungsanteil begünstigen den Angriff von Ozon. Der Mechanismus ist den niedermolekularen Verbindungen (Schema 3) vergleichbar, jedoch mit geringerer Geschwindigkeit. Infrarotspektroskopische Untersuchungen beweisen peroxidische Strukturen neben Carbonyl- und Carboxylfunktionen[55]. Kettenspaltungen und Vernetzungsreaktionen werden von den Autoren beobachtet.

2.5 Photooxidativer Abbau von Polymeren

2.5.1 Einführung

Polymere sind im Freien Umwelteinflüssen ausgesetzt, die die Gebrauchseigenschaften der Materialien durch Ausbleichen, Vergilben und Verspröden verändern und die Lebensdauer verkürzen. Photoreaktionen niedermolekularer Analoga lassen sich nicht ohne weiteres auf Feststoffreaktionen in Polymeren übertragen. Unterschiede liegen in der Initiierung und den Eigenschaften einer polymeren Matrix als Reaktionsmedium. Die Konstitution des Polymeren bestimmt die Stabilität gegenüber dem photooxidativen Abbau maßgeblich[56a]. Alterungsprozesse beginnen an der Oberfläche und setzen sich ins Innere fort. Die Konzentration reaktiver Spezies und die Strahlung sind an der Grenzfläche gasförmig - fest am höchsten und schwächen sich beim Durchgang durch die Polymermatrix ab. Unterschiedliche Mechanismen an der Oberfläche und im Innern des Polymeren oder ein retardierter Abbau können resultieren[57, 58].

2.5.1.1 Energieübertragung und -migration

Photoangeregte Verbindungen (Donatoren D*) können auch strahlungslos desaktiviert werden, in dem sie ihre Anregungsenergie auf andere, im Grundzustand befindliche Stoffe (Akzeptoren A) übertragen. Dadurch entstehen photoangeregte Verbindungen (A*), die im betreffenden Spektralbereich selbst nicht absorbieren[38c]. Als sogenannte Sensibilisatoren für die Initiierung von Photoreaktionen wirken Verunreinigungen in Polymeren oder beim Abbau gebildete Chromophore. Die Energieübertragung läuft intramolekular, d.h. im selben, - oder intermolekular zwischen verschiedenen Polymermolekülen ab. Man unterscheidet den Singulett-Singulett- (43) vom Triplett-Triplett-Energietransfer (44). Letzterer führt mit hohen Quantenausbeuten zu angeregten Tripelttzuständen und ist für die Initiierung photochemischer Reaktionen von Bedeutung[59a] (s. 2.5.2).

$$^{1}D^{*} + {}^{1}A \rightarrow {}^{1}D + {}^{1}A^{*} \quad (43)$$

$$^{3}D^{*} + {}^{1}A \rightarrow {}^{1}D + {}^{3}A^{*} \quad (44)$$

2.5.1.2 Gasdurchlässigkeit

Die Kinetik des photooxidativen Polymerabbaus wird auch von der Gasdurchlässigkeit bestimmt. Sauerstoff, Ozon und Wasserdampf, aber auch photochemisch aktivierte Spezies wie Hydroxylradikale oder Singulett-Sauerstoff müssen berücksichtigt werden. Die Durchlässigkeit einer Polymermatrix für Gasmoleküle wird von der Diffusionsgeschwindigkeit und der Löslichkeit bestimmt. Letztere sind eine Funktion der Temperatur, aber auch die Art und Morphologie des Polymeren haben einen Einfluß. So werden amorphe Bereiche gegenüber kristallinen bevorzugt photooxidativ abgebaut. Bei bestimmten Polyestern wirken die bei der Photooxidation gebildeten teilkristallinen Bereiche als Diffusionssperre gegen Feuchtigkeit und Sauerstoff[59b].

2.5.1.3 Käfigeffekt

Die Beweglichkeit von Polymerketten in einer festen Polymermatrix wird von der Diffusion der Kettensegmente bestimmt und ist damit eine Funktion der Glasübergangstemperatur. Eine eingeschränkte Beweglichkeit von Polymerradikalen in einer Polymermatrix, verglichen mit der in Lösung, führt zu einer erhöhten Wahrscheinlichkeit für eine Rekombination der im Initiierungsschritt gebildeten Radikale, da diese nicht schnell genug auseinander diffundieren können. Diese Erscheinung wird als Käfigeffekt bezeichnet[60]. Um diesen "primären Käfig" existiert ein weiterer Bereich mit erhöhter Rekombinationswahrscheinlichkeit, der "sekundäre Käfig"[61]. Primärer und sekundärer Käfigeffekt führen dazu, daß im Vergleich zu Reaktionen in Lösung die effektive Radikalbildungsrate im Festkörper verkleinert und der Abbau verlangsamt wird.

2.5.1.4 Mechanismus des photooxidativen Abbaus

Photooxidative Abbauprozesse laufen nach einem Radikalkettenmechanismus ab[56b]. Die wichtigsten Teilschritte sind Initiierung (45), Kettenwachstum (41), (40) und -verzweigung (46) mit den Folgereaktionen (47), (48) sowie Kettenabbruch (49). Kettenspaltung oder Vernetzung, oftmals eine Kombination beider Prozesse, und sekundäre oxidative Reaktionen machen den photooxidativen Abbau zu einer komplexen Reaktionssequenz, die einzelnen Teilreaktionen nicht exakt zugeordnet werden kann.

Initiierung

Radikalbildung			$\rightarrow$	$P^\bullet$			(45)

Kettenwachstum und -Verzweigung

$P^\bullet$	+	O_2	$\rightarrow$	$POO^\bullet$			(41)
$POO^\bullet$	+	PH	$\rightarrow$	POOH	+	$P^\bullet$	(40)
POOH			$\rightarrow$	$PO^\bullet$	+	$HO^\bullet$	(46)

Folgereaktionen

$PO^\bullet$			$\rightarrow$	Kettenspaltung			(47)
$HO^\bullet$	+	PH	$\rightarrow$	$P^\bullet$	+	H_2O	(48)

Kettenabbruch

$$POO^\bullet + POO^\bullet \rightarrow POOP + O_2 \quad (49)$$

Bezeichnung der Radikale

PH	Polymer	$POO^\bullet$	Polymerperoxy-Radikal
$P^\bullet$	Polymeralkyl-Radikal	POOH	Polymerhydroperoxid
$PO^\bullet$	Polymeroxy-Radikal	$HO^\bullet$	Hydroxyl-Radikal

2.5.2 Initiierung

Im Initiierungsschritt werden durch verschiedene photophysikalische Prozesse - Bildung elektronisch angeregter Spezies, Energietransferprozesse oder direkte Photodissoziation chemischer Bindungen - Radikale gebildet, die den photooxidativen Abbau auslösen. Die Energie wird, entgegen dem thermischen Abbau, durch Licht geeigneter Wellenlänge zugeführt. Im Spektralbereich der Globalstrahlung ist dies im UV-A- undUV-B-Bereich (295 - 380 nm)[62].

Die direkte photochemische Anregung ist bei Polymeren mit chromophoren Gruppen möglich, wenn diese im Spektralbereich der Globalstrahlung absorbieren (Tabelle 3). Sie ist jedoch thermodynamisch undkinetisch gehemmt.

Tabelle 3 Absorptionsmaxima verschiedener Polymerer[56c]

Polymer	Wellenlänge in nm	Polymer	Wellenlänge in nm
Polyester	325	Polymethylmethacrylat	290 - 315
Polystyrol	318		

Die Wechselwirkung von elektromagnetischer Strahlung mit Aldehyden führt zur Bindungsspaltung, da resonanzstabilisierte Carboxy-Radikale gebildet werden (50).

$$R{-}CHO + O_2 \xrightarrow{h\nu} R{-}C^\bullet{=}O + HO{-}O^\bullet \quad (50)$$

Bei Polymeren kann die Absorption durch Charge-Transfer-Wechselwirkung mit molekularem Sauerstoff bathochrom verschoben werden. Polystyrol bildet Kontaktkomplexe mit Sauerstoff (51). Diese Prozesse zeichnen sich durch geringe Absoptionskoeffizienten und niedrige Quantenausbeuten aus.

$$\text{Polystyrol} + O_2 \xrightarrow{h\nu} [\text{Polystyrol}\cdots O_2]_{CT} \ \text{(Excimer)} \Rrightarrow \quad (51)$$

Verunreinigungen (RR') in Polymeren mit technischer Reinheit verschieben die Absorption in den Spektralbereich der Globalstrahlung, so daß eine photochemische Anregung möglich wird. Solche Verunreinigungen sind beispielsweise Ketone oder auch Monomere[56b]. Es entstehen niedermolekulare Radikale (52), die mit dem Polymer in einer Folgereaktion Polymerradikale bilden (53).

$$RR' \xrightarrow{h\nu} R^{\bullet} + R'^{\bullet} \quad (52)$$

$$PH + R'^{\bullet} \rightarrow P^{\bullet} + R'H \quad (53)$$

Wirken die Verunreinigungen als Sensibilisatoren (D), so findet die photochemische Anregung über eine Sensibilisierung statt (s. 2.5.1.1). Dabei wird entweder das Polymer (54) - (56) oder der molekulare Sauerstoff (57) - (59) photochemisch aktiviert[38d].

$$D \xrightarrow{h\nu} D^{*} \quad (54)$$

$$D^{*} + RH \rightarrow D\text{-}H + R^{\bullet} \quad (55)$$

$$R^{\bullet} + O_2 \rightarrow ROO^{\bullet} \quad (56)$$

$$D \xrightarrow{h\nu} D^{*} \xrightarrow{ISC} {}^{3}D^{*} \quad (57)$$

$${}^{3}D^{*} + {}^{3}O_2 \rightarrow D + {}^{1}O_2 \quad (58)$$

$${}^{1}O_2 + RH \rightarrow ROOH \quad (59)$$

Die Sauerstoffkonzentration und die Art der Verunreinigung bestimmen, nach welchem Mechanismus die Sensibilisierung erfolgt. An der Polymeroberfläche wird der Sauerstoff photochemisch aktiviert (hohe Sauerstoffkonzentration), wohingegen im Innern des Polymerfilms das Polymer selbst sensibilisiert wird (niedrige Sauerstoffkonzentration).

Die wichtigste Initiierungsreaktion ist die photooxidative Spaltung von Peroxiden (60), die sich in Anwesenheit geringster Mengen Sauerstoff während der Polymerisation, durch Hitzeeinwirkung bei der Verarbeitung oder als Intermediate bei der Photooxidation bilden können. Die Sauerstoff-Sauerstoff-Bindung der Peroxide wird bevorzugt gespalten, da die Dissoziationsenergie mit 173 kJ/mol am niedrigsten ist verglichen mit 288 kJ/mol für P-OOH- und 370 kJ/mol für POO-H-Bindung[40b] (s. 2.5.4.1).

$$POOH \xrightarrow{h\nu} PO^{\bullet} + HO^{\bullet} \quad (60)$$

Peroxide werden auch in Gegenwart von Metallsalzen als Katalysatoren zersetzt (61), (62)[40c]. Sie stammen aus der Verarbeitung mit Extrudern oder von Katalysatoren.

$$POOH + M^{n+} \rightarrow PO^{\bullet} + HO^{-} + M^{(n+1)+} \quad (61)$$

$$POOH + M^{n+1} \rightarrow POO^{\bullet} + H^{+} + M^{n+} \quad (62)$$

Welcher Initiierungsprozeß Auslöser für den photooxidativen Polymerabbau ist, hat keinen Einfluß auf die sich anschließende Reaktionssequenz[56d].

2.5.3 Kettenwachstum

Schlüsselreaktion des Kettenwachstums ist die Bildung von Polymerperoxy-Radikalen (63). Sie entstehen bei der schnellen, aber diffusionskontrollierten Reaktion der Polymeralkyl-Radikale mit Sauerstoff[56d]. Polymerperoxy-Radikale abstrahieren in Folgereaktionen Wasserstoff-Atome von gesättigten Polymeren (64). Es entstehen Hydroperoxid-Gruppen und neue Polymeralkyl-Radikale. Die resonanzstabilisierten Peroxy-Radikale reagieren selektiv intra- oder intermolekular. Die Tendenz zur Wasserstoffabstraktion nimmt in der Reihe tertiäre, sekundäre zu primären C-H-Bindungen ab.

$$P^{\bullet} + O_2 \rightarrow POO^{\bullet} \quad (63)$$

$$POO^{\bullet} + PH \rightarrow POOH + P^{\bullet} \quad (64)$$

2.5.4 Kettenverzweigungen

Kettenverzweigungen sind abhängig von der chemischen und physikalischen Struktur der Polymeren. Sie führen zu Hydroxy- oder Oxofunktionen in der Polymerkette oder nach Spaltungen der Hauptkette zu endständigen Aldehyd- oder Ketogruppen.

2.5.4.1 Spaltung von Hydroperoxiden

Photochemisch oder thermisch können Hydroperoxide in reaktive Polymeroxy- und Hydroxyl-Radikale gespalten werden (65).

$$\mathrm{POOH} \xrightarrow{h\nu/\Delta T} \mathrm{PO^{\bullet}} + \mathrm{HO^{\bullet}} \quad (65)$$

Da Hydroperoxide im Spektrum des Sonnenlichts von 310 bis 350 nm nur schwach absorbieren ($\varepsilon_{\lambda=340nm}$ = 10 - 150 $mol^{-1}cm^{-1}$) hat die direkte photochemische Anregung nur eine untergeordnete Bedeutung[40b]. Auch primärer und sekundärer Käfigeffekt (s. 2.5.1.3) tragen dazu bei, daß wenige Polymeroxy-Radikale neue Radikalketten auslösen können. Der wahrscheinlichste Mechanismus der Sauerstoff-Sauerstoff-Spaltung verläuft über einen Energietransfer (66). Sensibilisatoren (D^*) sind elekronisch angeregte Carbonylgruppen oder Aromaten[63].

$$\mathrm{D^*} + \mathrm{P\text{-}OOH} \rightarrow \mathrm{D} + \mathrm{P\text{-}(OOH)^*} \rightarrow \mathrm{P\text{-}O^{\bullet}} + \mathrm{HO^{\bullet}} \quad (66)$$

2.5.4.2 Folgereaktionen der Polymeroxy-Radikale

Polymeroxy-Radikle gehen eine Vielzahl von Reaktionen ein[40d]. Sie abstrahieren inter- oder intramolekular Wasserstoff-Atome (67).

$$\mathrm{PO^{\bullet}} + \mathrm{PH} \rightarrow \mathrm{POH} + \mathrm{P^{\bullet}} \quad (67)$$

Unter Abspaltung von Seitengruppen können Ketofunktionen innerhalb der Polymerkette entstehen (68). Die sogenannte β-Spaltung führt zu kürzeren Polymerketten mit endständigen Aldehyd- oder Ketogruppen und Alkylradikalen (69).

Polymeroxy-Radikale können bei räumlicher Nähe zu Hydroperoxiden deren Spaltung induzieren. Es bilden sichHydroxyfunktionen undPolymerperoxy-Radikale (70).

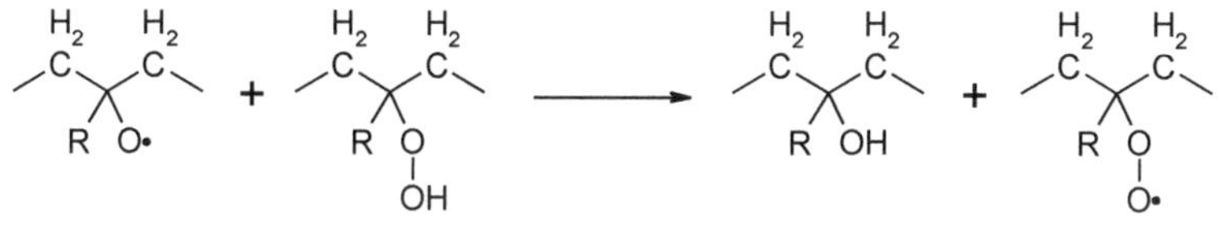

(70)

2.5.5 Sekundärreaktionen

2.5.5.1 Photoreaktionen der Carbonylgruppe

Im Polymer vorhandene oder während der Photooxidation gebildete Carbonylgruppen absorbieren Licht bis zu einer Wellenlänge von 330 nm[40e]. Die elektronisch angeregten Moleküle können nach zwei Mechanismen gespalten werden: Norrish-I (71) und Norrish-II (73). Bei der Norrish-I-Reaktion (α-Spaltung) wird die der Carbonylgruppe benachbarte C-C-Bindung gespalten. Intermediär entstehen Alkyl- und Carbonyl-Radikale, die mit Sauerstoff reagieren (72). Bei der Norrish-II-Reaktion bildet sich durch interne Wasserstoffabstraktion in einem Sechsring-Übergangszustand ein Olefin und das Enol einer Carbonylverbindung[38e]. Die Ausbildung des Übergangszustandes hängt von der Konstitution der Polymerkette und der Temperatur ab. Die meisten Carbonyle in Polymeren reagieren nach dem ersten Mechanismus (Norrish-I)[64].

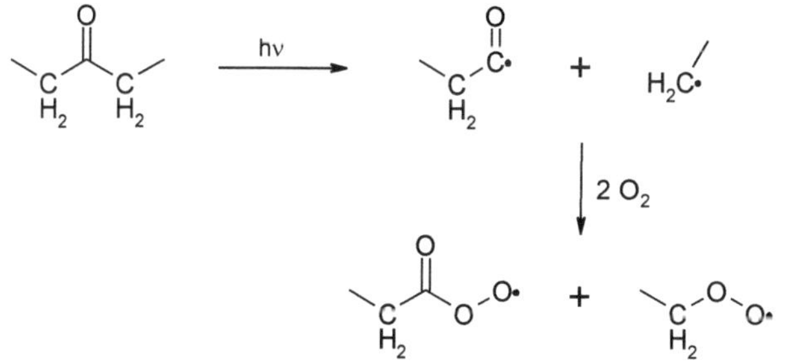

(71)

(72)

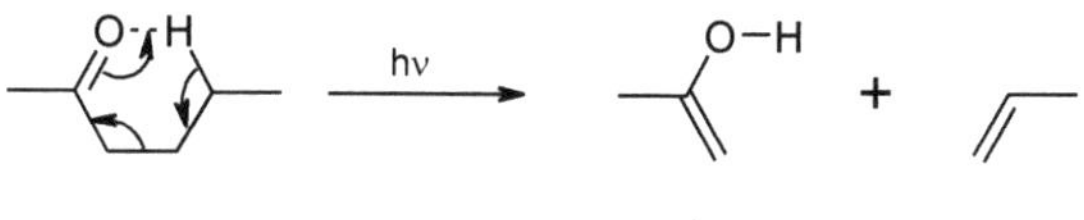

(73)

2.5.5.2 Bildung von Säure- und Persäuregruppen[59c]

Polymercarbonyl-Radikale werden in Gegenwart von Sauerstoff zu Polymerperacyl-Radikalen oxidiert (s. (72)), die bei der Abstraktion von WasserstoffatomenPersäuregruppen bilden (74).

$$P{-}C({=}O){-}O{-}O^{\bullet} + P{-}H \longrightarrow P{-}C({=}O){-}O{-}OH + P^{\bullet} \qquad (74)$$

Die Absorption von Licht spaltet die Sauerstoff-Sauerstoff-Bindungder Persäuregruppe (75). Es entstehen Hydroxyl- und Polymercarboxy-Radikale, die durch Wasserstoff-Abstraktion in Säurefunktionen übergehen (76).

$$P{-}C({=}O){-}O{-}OH \xrightarrow{h\nu} P{-}C({=}O){-}O^{\bullet} + H{-}O^{\bullet} \qquad (75)$$

$$P{-}C({=}O){-}O^{\bullet} + P{-}H \longrightarrow P{-}C({=}O){-}O{-}H + P^{\bullet} \qquad (76)$$

2.5.5.3 Bildung ungesättigter Strukturen[59d]

α,β-ungesättigte Aldehyde und Ketone werden während des photooxidativen Abbaus von Polyethylen gebildet. Diese können zu β,γ-ungesättigten Carbonylgruppen isomerisieren (77) oder durch Vernetzung gesättigte Struktureinheiten bilden (78).

$$\sim CH_2{-}CH{=}CH{-}C({=}O){-}CH_2 \sim \xrightarrow{h\nu} \sim CH{=}CH{-}CH_2{-}C({=}O){-}CH_2 \sim \qquad (77)$$

$$2\ \sim CH_2{-}CH{=}CH{-}C({=}O){-}CH_2 \sim \xrightarrow{h\nu} \text{Cyclobutan: } (\sim CH{-}CH{-}C({=}O){-}CH_2\sim)_2 \qquad (78)$$

2.5.5.4 Photo-Fries-Umlagerung[59e]

Bei Polymeren mit Bisphenol-A-Struktureinheiten **10** findet die Umlagerung zu ortho-Hydroxyphenylgruppen statt (Schema 8). Die Reaktion läuft intramolekular in einem Käfig ab und wird durch die Glasübergangstemperatur der Polymeren nicht beeinflußt. Die aromatische Ether-Kohlenstoff-Bindungsspaltung geht mit der Spaltung derPolymerkette einher.

Schema 8 Photo-Fries-Umlagerung der Bisphenol-A-Struktureinheit

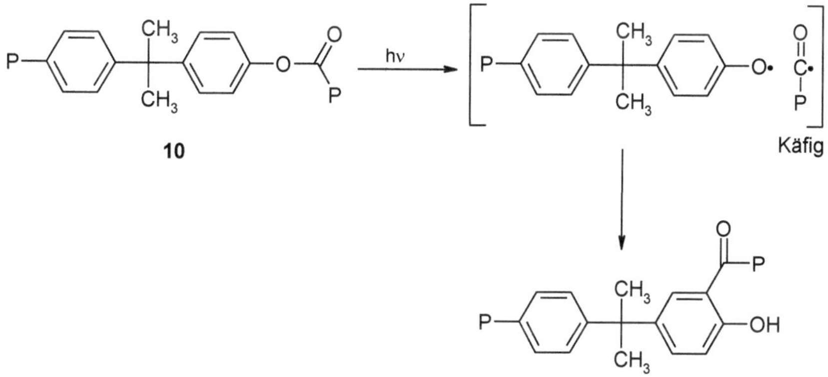

2.5.5.5 Photoreaktion des Phenylrings[59f]

Bei der Photooxidation von Polymeren mit aromatischen Substituenten finden Ringöffnungsreaktionen (Schema 9) statt, die zu einer Zerstörung des aromatischen Systems führen.

Schema 9 Ringöffnungsreaktionen des Phenylrings

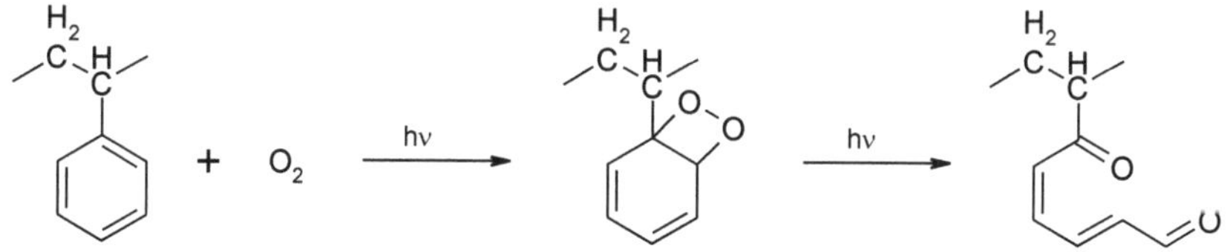

2.5.6 Kettenabbruch

Die Rekombination zweier Radikale führt in einer bimolekularen Reaktion unter Kettenverzweigung zum Abbruch (79) - (84). Dabei können zweipolymere oder polymere mit niedermolekularen Radikalen, wie $HO^{\bullet}$ oder $HOO^{\bullet}$, reagieren. Bei hohem Sauerstoffpartialdruck an der Polymeroberfläche rekombinieren zwei Polymerperoxy-Radikale (84). Im Innern des Polymeren gewinnen auch andere Abbruchreaktionen an Bedeutung[59g].

$$P^{\bullet} + P^{\bullet} \rightarrow P\text{-}P \qquad (79)$$

$$P^{\bullet} + PO^{\bullet} \rightarrow POP \qquad (80)$$

$$P^{\bullet} + POO^{\bullet} \rightarrow POOP \qquad (81)$$

$$PO^{\bullet} + PO^{\bullet} \rightarrow POOP \qquad (82)$$

$$PO^{\bullet} + POO^{\bullet} \rightarrow POOOP \text{ oder } POP + O_2 \qquad (83)$$

$$POO^{\bullet} + POO^{\bullet} \rightarrow POO\text{-}OOP \text{ oder } POOP + O_2 \qquad (84)$$

Kettenabbruch ohne Verzweigung tritt auf, wenn intramolekular zwei Peroxy-Radikale zu cyclischen Peroxiden (85) oder Peroxy- mit Oxy-Radikalen zu Epoxiden (86) rekombinieren.

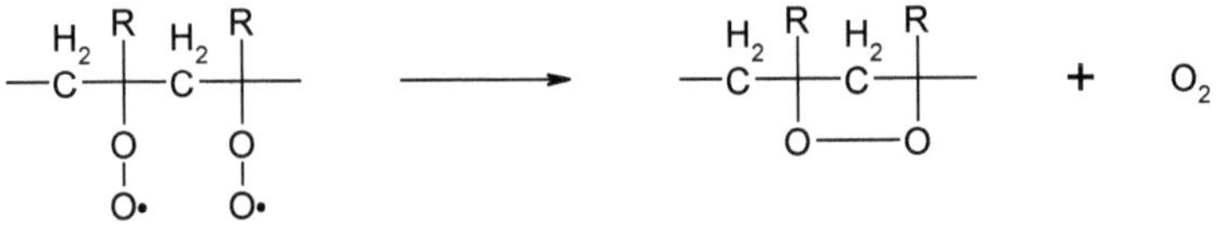

+ O_2 (85)

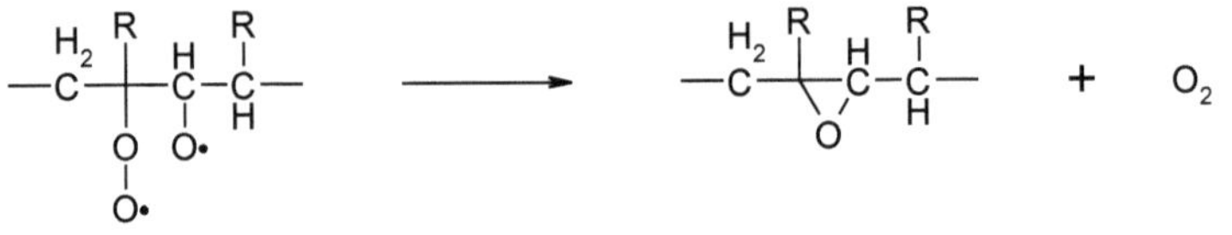

+ O_2 (86)

2.5.7 Polystyrol

2.5.7.1 Einführung

Beschichtungen aus Styrol-Homopolymerisaten finden aufgrund der schwierigen Verarbeitbarkeit nur für Spezialanwendungen Verwendung. Die Styrol-Copolymerisate haben eine größere Bedeutung erlangt. Homopolymerisate zeichnen sich durch eine hervorragende Wasserbeständigkeit sowie hohe Chemikalienfestigkeit aus, zählen jedoch in nichtstabilisiertem Zustand zu den Kunststoffen mit geringer Witterungsbeständigkeit[65a]. Da reines Polystyrol Sonnenlicht nicht signifikant absorbiert, wird die Alterung von Polystyrol in technischer Reinheit auf Verunreinigungen zurückgeführt, die zu einem Absorptionsmaximum bei 318 nm führen[66].

2.5.7.2 Initiierung

Kontrovers wird in der Literatur die Bedeutung einzelner Initiierungsmechanismen diskutiert[67]. Ranby schlägt eine Sensibilisierung des Sauerstoffs durch Polystyrol vor[68]. Der durch Licht angeregte Phenylring des Polystryrols bildet mit Sauerstoff einen Charge-Transfer-Komplex, der zu einer Verschiebung des Absorptionsmaximums bis über 340 nm führen kann. In einem intramolekularen Energieaustausch entsteht Singulett-Sauerstoff, der mit Polystryrol zu benzylständigem Hydroperoxid reagiert (Schema 10).

Schema 10 Initiierung über Charge-Transfer-Komplex

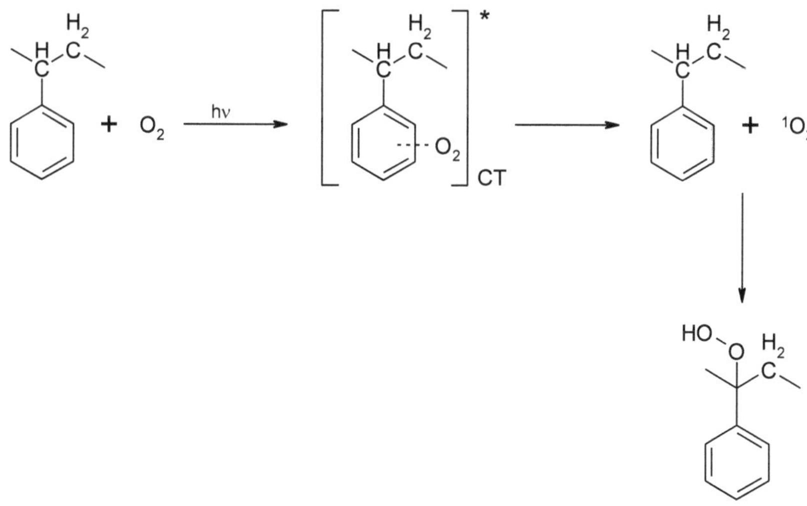

Für Lawrence et al.[69] sind Peroxide am Initiierungsschritt beteiligt. Bei der radikalischen Polymerisation von Styrol werden Spuren von Sauerstoff als Comonomere statistisch in die Kette eingebaut. Die Initiierung erfolgt dann über eine Peroxidspaltung. In Folgereaktionen bilden sich endständige Alkohol-Gruppen und Alkyl-Phenyl-Ketone (Schema 11). Die Acetophenon-Endgruppe absorbiert nach Lucki et al.[70] bei 240 nm. Für die Initiierung kommt ihr daher nur eine geringe Bedeutung zu.

Schema 11 Initiierung über Peroxidspaltung

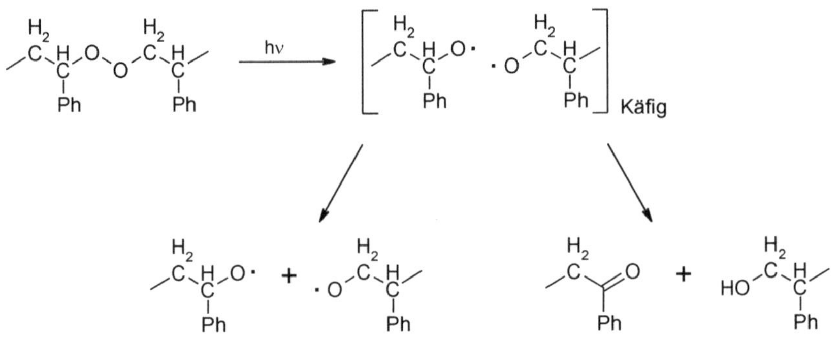

hν

Käfig

Ketonische Verunreinigungen in der Polymerkette absorbieren zwischen 340 - 390 nm[70]. Aufgrund ihres geringen Absorptionskoeffizienten messen Geusken et al. der direkten Initiierung durch ketonische Verunreinigungen eine geringe Bedeutung bei. Durch Energieübertragung zu benachbarten Hydroperoxiden (s. 2.5.4.1) sollen Ketone indirekt zum photooxidativen Abbau von Polystyrol beitragen[71a, b].

2.5.7.3 Kettenspaltungen und Vernetzungen

Die gebildeten Hydroperoxidgruppen führen zur Spaltung der Polystyrolketten. In Gegenwart von Licht werden nach Geusken et al.[71a] über einen Energietransfer endständige Ketone und Doppelbindungen gebildet (87). Letztere sind Ausgangspunkt für die Bildung konjugierter Polyenstrukturen (88), die für eine Gelbverfärbung des Polystyrols verantwortlich sind.

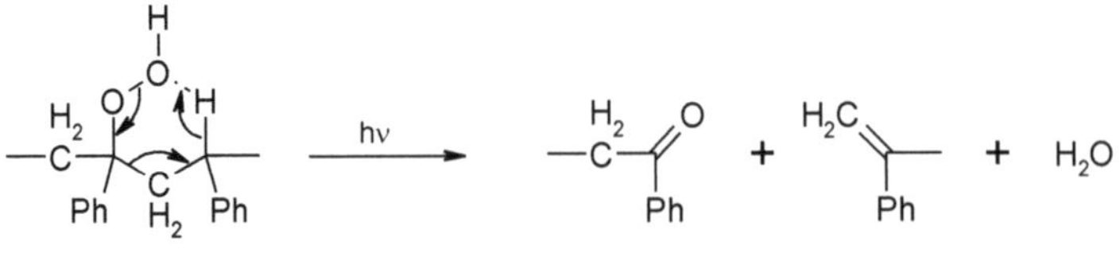

hν $+ H_2O$ (87)

$$H_2C{=}C(Ph)\text{-}[CH_2\text{-}CH(Ph)]_n\text{-} + n/2\ O_2 \xrightarrow{h\nu} H_2C{=}C(Ph)\text{-}[CH{=}C(Ph)]_n\text{-} + H_2O \qquad (88)$$

In intramolekularen Wachstumsschritten werden Hydroperoxidsequenzen **11** gebildet[72], die Hydroxyradikale abspalten und aus Alkoxyradikalen durch Dehydrierung Hydroxygruppen **13** bilden oder zu Kettenspaltung führen (β-Spaltung). Es entsteht ein Keton **14** und ein Alkylradikal **15**, das sich durch intra- und intermolekulare Dehydrierung **16** absättigt (Schema 12).

Schema 12 Kettenspaltung in einer Hydroperoxidsequenz

$$-CH_2\text{-}C(OOH)(Ph)\text{-}CH_2\text{-}C(OOH)(Ph)\text{-}CH_2\text{-}C(OOH)(Ph)- \ (\mathbf{11}) \xrightarrow{h\nu} -CH_2\text{-}C(OOH)(Ph)\text{-}CH_2\text{-}C(O\cdot)(Ph)\text{-}CH_2\text{-}C(OOH)(Ph)- \ (\mathbf{12}) + H\text{-}O\cdot$$

$$\mathbf{12} + PH \longrightarrow -CH_2\text{-}C(OOH)(Ph)\text{-}CH_2\text{-}C(OH)(Ph)\text{-}CH_2\text{-}C(OOH)(Ph)- \ (\mathbf{13}) + P\cdot$$

$$\mathbf{12} \longrightarrow -CH_2\text{-}C(OOH)(Ph)\text{-}CH_2\text{-}C(=O)Ph \ (\mathbf{14}) + \cdot CH_2\text{-}C(OOH)(Ph)- \ (\mathbf{15})$$

$$\mathbf{15} \longrightarrow H_3C\text{-}C(OO\cdot)(Ph)- \ (\mathbf{16}) \xrightarrow[-P\cdot]{+PH} H_3C\text{-}C(OOH)(Ph)-$$

Rabek et al.[73] beobachten bei der Extraktion von photooxidiertem Polystyrol bis zu 10 % Gel. Im Extrakt weisen sie kleinere Molekulargewichte mittels Gelpermeationschromatographie nach. Neben Kettenspaltungen finden Vernetzungsreaktionen statt. Die Rekombination der Makroradikale steht in Konkurrenz zur Reaktivität des Sauerstoffs mit Makroradikalen. Letztere wird von der Sauerstoffdiffusion durch das Polymere mitbestimmt (s. 2.5.1.2).

2.5.7.4 Abbruchreaktionen

Im Käfig können die gebildeten Alkoxy-Radikale unter Zurückbildung der Peroxidbindung oder unter Bildung ketonischer und alkoholischer Endgruppenrekombinieren (Schema 13).

Schema 13 Abbruchreaktionen

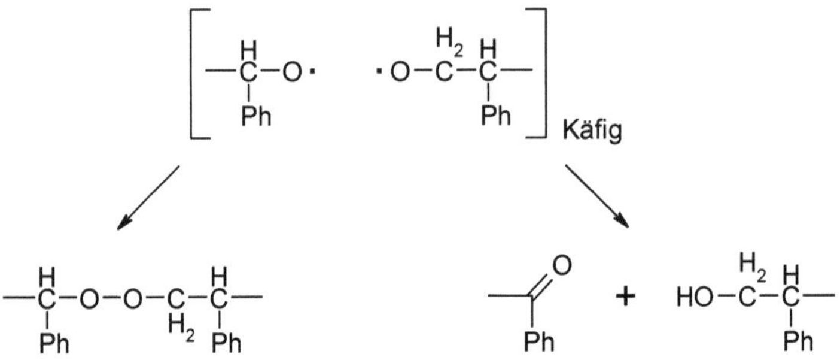

$$\left[-\underset{Ph}{\overset{H}{C}}-O\cdot \quad \cdot O-\overset{H_2}{C}-\underset{Ph}{\overset{H}{C}}- \right]_{\text{Käfig}}$$

$$\swarrow \qquad\qquad \searrow$$

$$-\underset{Ph}{\overset{H}{C}}-O-O-\underset{H_2}{C}-\underset{Ph}{\overset{H}{C}}- \qquad\qquad -\underset{Ph}{C}{=}O \;+\; HO-\overset{H_2}{C}-\underset{Ph}{\overset{H}{C}}-$$

2.5.8 Polymere Acrylate und Methacrylate

2.5.8.1 Einführung

Unter Acrylharzen versteht man eine Klasse von Kunststoffen, die durch Polymerisation aus Derivaten der Acryl- und Methacrylsäure hergestellt werden. Vorzugsweise werden Ester der Säuren **17** und **18** eingesetzt. Polymerisation der Acrylester ergibt weichere Polymerisate als die der entsprechenden Methacrylate. Bei Polymethacrylaten ist die Beweglichkeit der Molekülketten durch sterische Behinderung der Methylgruppe eingeschränkt. Dies führt zu höheren Glasübergangstemperaturen verglichen mit den Polyacrylaten. Die Länge und Verzweigung des Alkoholrestes im Ester beeinflussen die Eigenschaften derPolyacrylate zusätzlich[74].

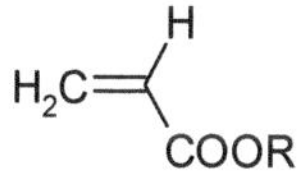

H
H_2C=
COOR
17

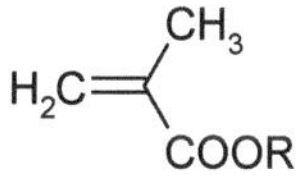

CH_3
H_2C=
COOR
18

Polymethacrylate zeichnen sich durch hohe Witterungsbeständigkeit aus, die mit wachsender Zahl an Kohlenstoffatomen der Estergruppe abnimmt. In den Polyacrylaten ist das tertiäre Wasserstoffatom für die geringere Stabilität gegenüber Witterungseinflüssen verantwortlich.

Homopolymerisate der Methacryl- und Acrylester sind nur für wenige Anwendungen geeignet. Größere technische Bedeutung kommt den Copolymeren zu. Das Verhältnis von Methylmethacrylat (T_g = 125 °C) zu n-Butylacrylat (T_g = -43 °C) als weichmachende Komponente steuert die Glasübergangstemperatur der Acrylharze. Durch Einpolymerisieren funktioneller Monomeren werden vernetzbare Copolymere erzeugt. Es entstehen Lackfilme mit hoher Witterungsbeständigkeit und Oberflächengüte, die sich als Decklacke im Automobilbereich oder als Straßenmarkierungsfarben verwenden lassen. Der Einsatz von Polyacrylaten als Schlußlackierung für Weich-PVC beruht auf der Sperrwirkung des Anstrichs, der die Migration des Weichmachers an die Oberfläche verhindert[65b].

2.5.8.2 Polymethylmethacrylat

Die excellente Witterungsbeständigkeit des Polymethylmethacrylats führen Dickens et al.[75] auf den geringen Extinktionskoeffizient der Esterfunktion bei Wellenlängen $\lambda \geq 290$ nm zurück. Das photooxidative Abbauverhalten wird von Verunreinigungen oder Monomerresten bestimmt[76]. Methylmethacrylat ist als Quelle für Singulett-Sauerstoff bekannt oder sensibilisiert das Polymere für die Photooxidation[75].

2.5.8.2.1 Initiierung

Nach Gupta et al.[77] spaltet Licht von 254 nm in Polymethylmethacrylatdie Esterseitengruppe ab (89) oder führt zum Bruch der Kohenstoff-Sauerstoffbindung (90), (91).

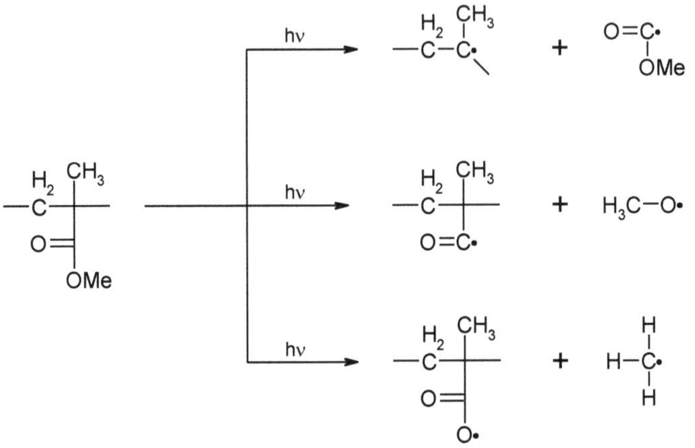

(89)

(90)

(91)

Faucitano et al.[78] postulieren dieselben Spaltungsreaktionen bei Belichtung mit Wellenlängen der Globalstrahlung, jedoch mit geringeren Ausbeuten. Keine Änderungen im UV-VIS-Spektrum können Torikai et al.[79] bei Polymethylmethacrylat beobachten, das mit Licht $\geq$ 320 nm belichtet war.

2.5.8.2.2 Kettenspaltung

Die bei der Esterspaltung auftretenden niedermolekularen Radikale abstrahieren Wasserstoffatome. Es entstehen flüchtige Reaktionsprodukte und polymere Alkylradikale (92), die in Gegenwart von Sauerstoff zu Peroxyradikalen oxidiert werden (93), (94).

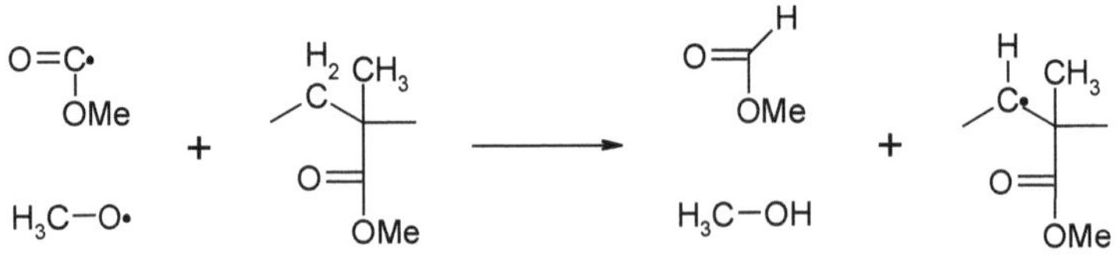

(92)

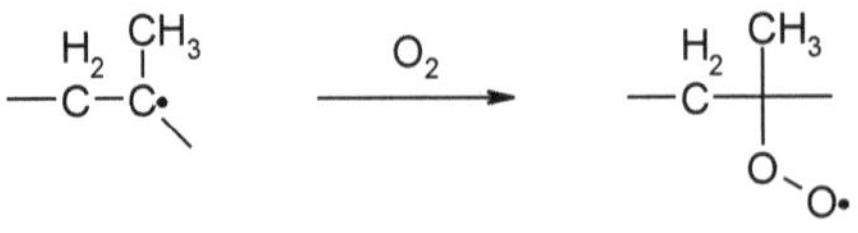

(93)

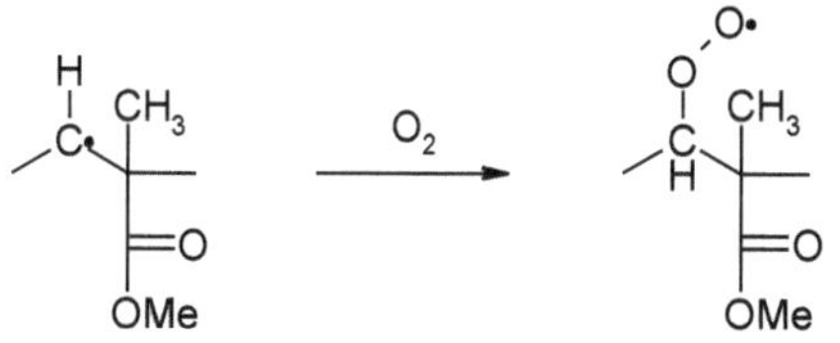

(94)

Tertiäre Peroxyradikale setzen sich in einer bimolekularen Reaktion zu Alkoxyradikalen und Sauerstoff um (95), bei sekundären ist Wasserstoffabstraktion möglich (96).

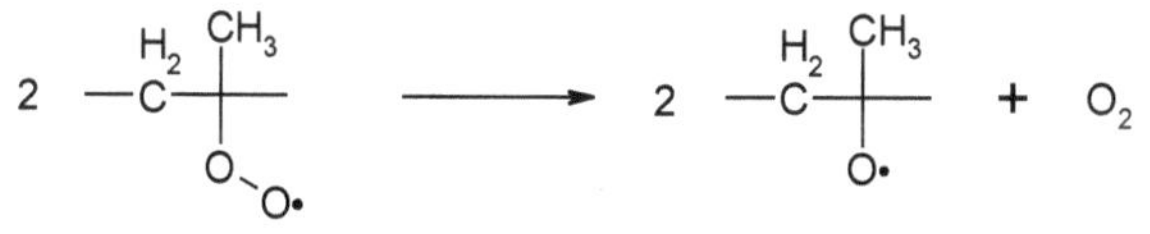

(95)

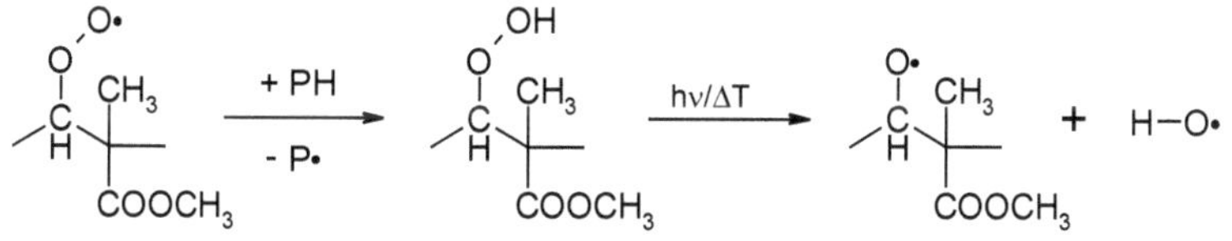

(96)

Folgereaktionen der Alkoxyradikale führen unter Wasserstoffabstraktion zu Hydroxygruppen oder durch β-Spaltung zu Ketogruppen (Schema 14). Neben Aldehyden und Ketonen werden von Torikai et al.[79] Hydroxygruppen nachgewiesen. Spaltung der Polymerketten weisen mehrere Autoren durch eine Abnahme imMolekulargewicht nach[75-79].

Schema 14 Reaktionen der Alkoxyradikale

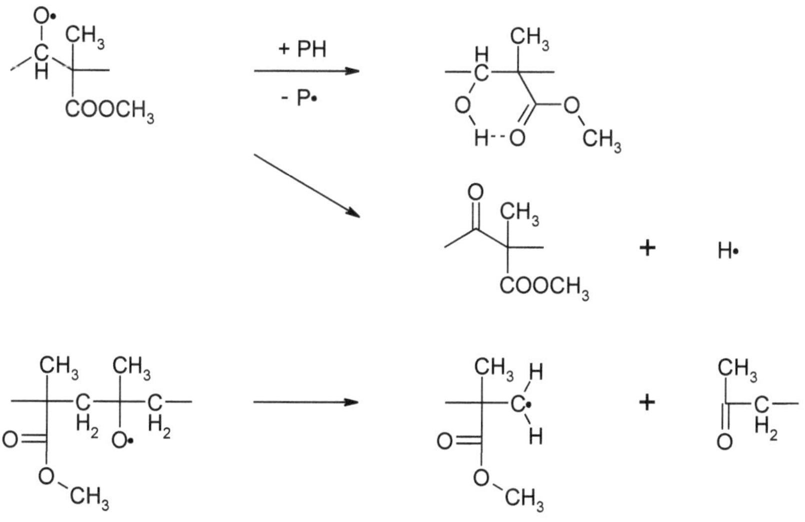

2.5.9.2 Initiierung

Die komplexe Bisphenol-A-Struktureinheit in Epoxidharzen macht eine Vielzahl verschiedener Initiierungssequenzen möglich[40f]. Bei vernetzten Epoxidharzen bietet die Härterkomponente weitere Angriffsmöglichkeiten. Amine als Härter sollen den photooxidativen Abbau der Harze initiieren[84].

Zhang et al. [85] beschreiben einen Einfluß der Wellenlänge der schädigenden UV-Strahlung auf die Initiierung des photooxidativen Abbaus. Beim photooxidativen Abbau mit Licht der Wellenlänge < 280 nm werden die aromatischen Struktureinheiten der Bisphenol-A-Komponente angeregt. Verunreinigungen, wie Ketogruppen oder chinoide Strukturen, sollen dagegen für die Initiierung bei Licht mit Wellenlängen ≥ 295 nm verantwortlich sein[86, 87].

Lin et al.[84] finden Oxidationsprodukte des photooxidativen Abbaus, die denjenigen des thermischen Abbaus entsprechen. Der photooxidative Abbau läuft in einer autokatalytischen Oxidation analog der thermischen Oxidation aliphatischer Kohlenwasserstoffe ab.

2.5.9.3 Kettenspaltungen, Vernetzungen und Isomerisierungen

Bellenger et al.[88] untersuchten mit Isophorondiamin vernetztes Epoxidharz auf der Basis von Bisphenol A nach der Photooxidation mit Licht im Wellenlängenbereich 300 - 450 nm. Infrarotspektroskopisch konnte die Bildung von Hydroxyl-, Carbonyl- und Amidgruppen nachgewiesen werden. Eine Abnahme der Glasübergangstemperatur deutet an, daß beim photooxidativen Abbau Kettenspaltungen gegenüber der Vernetzung dominieren.

Ein Einfluß der Härterstruktur auf die Bildung von Amidgruppen konnte festgestellt werden. Die Konzentration an α-Methylengruppen steht in Zusammenhang mit der Bildung von Amidgruppen (Schema 15) und der Abnahme der Glasübergangstemperatur[89]. Netzwerkdichte, plastifizierende Wirkung von überschüssigem Härter und die Temperatur haben einen Einfluß auf die Abnahme der Glasübergangstemperatur, und damit auf das Ausmaß an Kettenspaltung.

Carbonylfunktionen sollen bevorzugt durch Oxidation der sekundären Hydroxylgruppen in der Bisphenol-A-Einheit entstehen (Schema 16). Auch die Oxidation von Methylengruppen in Harz und Härter wird diskutiert.

Während der Photooxidation wird starke Vergilbung beobachtet, die auf Bildung konjugierter Struktureinheiten zurückgeführt werden kann. Auch Photo-Fries-Umlagerung (s. 2.5.5.4) und chinoide Strukturen werden in diesem Zusammenhang diskutiert.

Schema 15 Oxidation von α-Methylengruppen unter Bildung von Amiden

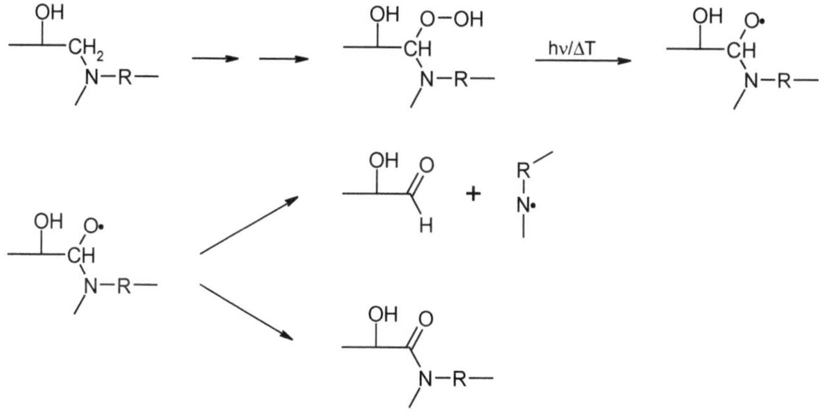

Schema 16 Bildung von Carbonylfunktionen aus sekundären Hydroxylgruppen

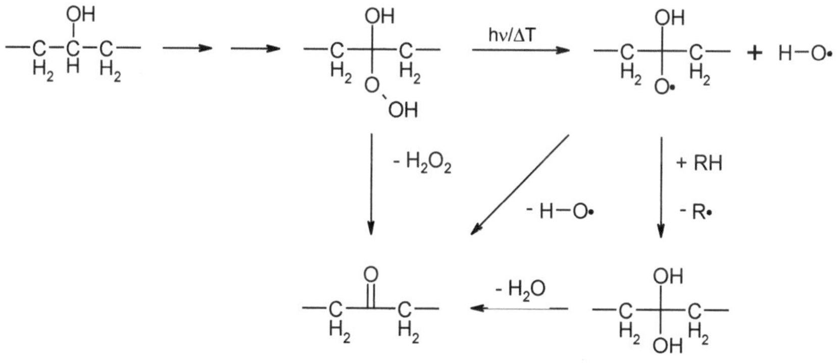

2.5.10 Polyurethane

2.5.10.1 Einführung

Polyurethane entstehen bei der Addition von Polyisocyanaten (Härter) an Polyole (Stammkomponente). Erstere sind derivatisierte Diisocyanate mit mindestens zwei, üblicherweise drei Isocyanatgruppen. Wichtigstes Polyisocyanat ist das Biuret des Hexamethylendiisocyanats **21**, das in licht- und wetterbeständigen Formulierungen eingesetzt wird.

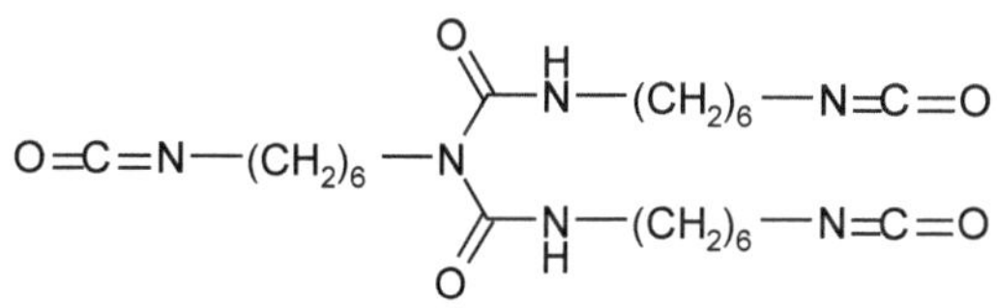

O
H
N—$(CH_2)_6$—N=C=O
O=C=N—$(CH_2)_6$—N
N—$(CH_2)_6$—N=C=O
H
O

21

Polyester, -ether oder -acrylate als Polyolkomponente beeinflussen aufgrund ihres mengenmäßig größeren Anteils das Eigenschaftsprofil der Polyurethane maßgeblich[65d]. Als klassische Reaktionspartner der Polyisocyanate gelten hydroxyfunktionalisierte lineare oder verzweigte Polyester, die durch Kondensation von di- oder trifunktionellen Polyolen mit Dicarbonsäuren bzw. ihren Anhydriden entstehen. Die chemische Natur, die Funktionalität und der Gehalt an reaktionsfähigen Hydroxylguppen dieser Polyester-Polyole können optimal an die unterschiedlichen Anforderungen der jeweiligen Polyisocyanate angepaßte werden und ermöglichen so ein breites Einsatzspektrum der Polyurethane[90].

Die Netzwerkstruktur der Polyurethane wird durch das Mischungsverhältnis von mehrfunktionellem Polyisocyanat (Isocyanatequivalent) zu Polyol (Hydroxyequivalent) bestimmt. Stöchiometrische Umsetzung beider Komponenten (NCO/OH = 1) sollte zu vollständiger Vernetzung führen und optimale Lackfilme liefern. In der Praxis wird jedoch oftmals vom Hersteller ein Härterüberschuß empfohlen, d.h. NCO/OH > 1, der der hohen Reaktivität der Isocyanatgruppe gegenüber aktiven Wasserstoffen Rechnung trägt. Die chemische Härtung verläuft unter Knüpfen der Urethanbindung. Zusätzliche Vernetzung unter Bildung von Harnstoffgruppen findet durch Diffusion von Luftfeuchtigkeit und anschließender Reaktion mit Isocyanatgruppen statt (Schema 17). Bei der Polyaddition nicht umgesetzte Isocyanatfunktionen können in Gegenwart von Luftfeuchtigkeit zu Aminen reagieren. Auch bei der Hydrolyse von Urethangruppen bilden sich Amine.

Schema 17 Härtungsmechanismen bei lufttrocknenden Polyurethanen

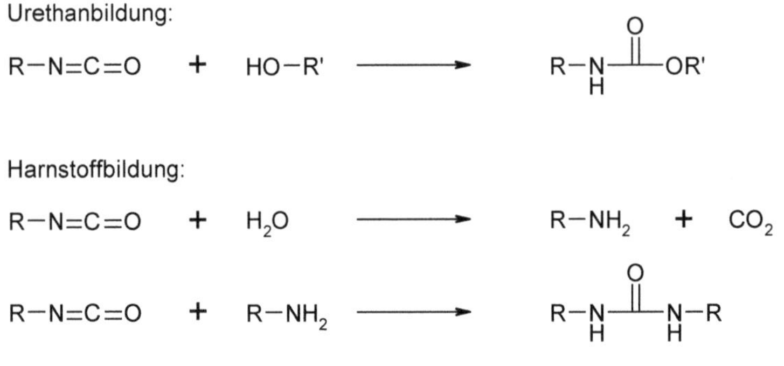

Urethanbildung:

$$R-N=C=O \quad + \quad HO-R' \longrightarrow R-NH-C(=O)-OR'$$

Harnstoffbildung:

$$R-N=C=O \quad + \quad H_2O \longrightarrow R-NH_2 \quad + \quad CO_2$$

$$R-N=C=O \quad + \quad R-NH_2 \longrightarrow R-NH-C(=O)-NH-R$$

Eine Besonderheit von Polyurethannetzwerken ist ihre ausgeprägte Tendenz zur Bildung sehr stabiler acyclischer und cyclischer zwischenmolekularer Wasserstoffbrückenbindungen, die zu Filmen mit hoher Härte und gleichzeitigzähelastischer Beschaffenheit führen.

2.5.10.2 Initiierung

Cauffman[91] führt die Witterungsbeständigkeit aliphatischer Polyurethane auf die Tatsache zurück, daß kaum elektromagnetische Strahlung im Spektralbereich des Sonnenlichtes absorbiert wird. Untersuchungen von Decker et al.[92] bestätigen einen radikalinduzierten Abbauprozeß von Polyurethanen bei Wellenlängen > 280 nm. Radikale, die aus Verunreinigungen unter Licht- oder Hitzeeinwirkung gebildet werden, sind für dieInitiierung verantwortlich.

Besonders labile Wasserstoffatome in α-Stellung zu Urethan-, Harnstoff- und Esterfunktionen werden abstrahiert. Gardette et al.[93] beobachten bei aliphatischen Polyesterurethanen infrarotspektroskopisch Hydroperoxide in α-Stellung zu Esterfunktionen in höherer Konzentration als in α-Stellung zur NH-Funktion der Urethangruppe. Harnstoffgruppierungen in Polyurethanen bezeichnet Schultze[94] als besonders labil verglichen mit der Urethangruppe. Labile Wasserstoffatome in Aminen, die bei der Hydrolyse nicht umgesetzter Isocyanatfunktionen oder der Urethangruppe entstehen, können im Initiierungsschritt ebenfalls abstrahiert werden.

Aus den im Primärschritt gebildeten Alkylradikalen können durch Addition von Sauerstoff und anschließender Wasserstoffabstraktion Hydroperoxide entstehen, oder aus den intermediär gebildeten Peroxyradikalen bilden sich in Rekombinationsreaktionen Photooxidationsprodukte (Schema 18).

Die Stabilität der gebildeten Hydroperoxide wird nach Lemaire et al.[95] entscheidend durch ihre Struktur, aber auch durch die Polymermatrix mitbestimmt. In vernetzten aliphatischen Polyurethanen sind Hydroperoxide bis 90 °C oder bei Wellenlängen > 313 nm stabil. Potter et al.[96] beobachten bei zunehmender Vernetzungsdichte abbau- und hydrolysebeständigere Polyurethanfilme.

Schema 18 Radikalinduzierte Oxidation einer Polyurethankette

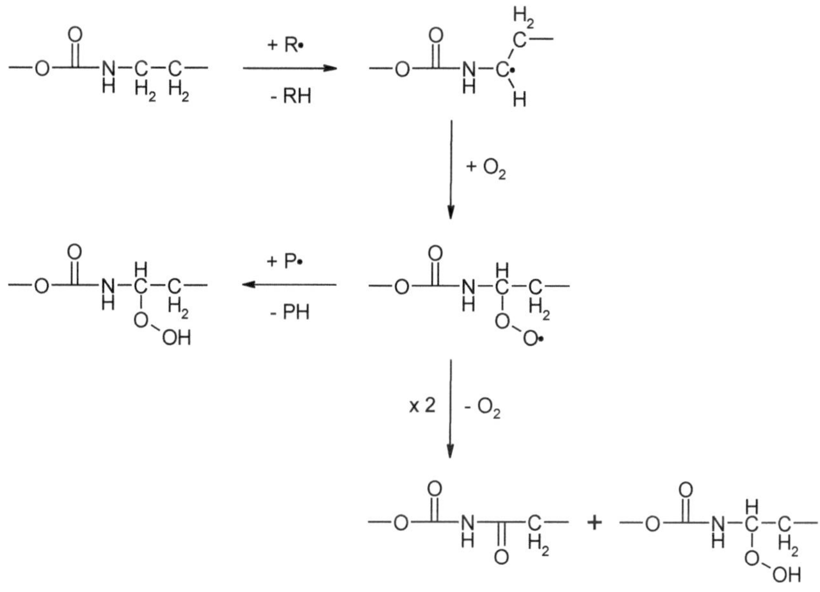

2.5.10.3 Kettenspaltungen und Vernetzungen

Untersuchung verschiedener Polyurethane zeigte, daß durch Radikalreaktionen beim Zerfall der Hydroperoxidgruppen und durch Oxidation von Aminstrukturen aliphatische Polyurethane photooxidativ abgebaut werden[93].

Infrarotspektroskopisch detektieren Decker et al.[92] beim photooxidativen Abbau aliphatischer Polyurethane chemische Strukturveränderungen im Carbonylbereich. Diese haben keinen signifikanten Einfluß auf mechanische und optische Eigenschaften der Urethanfilme. Schultze[94] schließt daraus, daß Kettenspaltungen und Vernetzungsreaktionen beim photooxidativen Abbau von Polyurethanen mit gleicher Wahrscheinlichkeit ablaufen müssen.

2.5.11 Alkydharze

2.5.11.1 Einführung

Alkydharze sind synthetische Polyesterharze, die durch Veresterung von Polyalkoholen mit Polycarbonsäuren hergestellt werden[97]. Sie sind immer mit natürlichen Fettsäuren oder Ölen und bzw. oder synthetischen Fettsäuren modifiziert. Nachfolgend ist die Struktur eines Alkydharzes **22** schematisch dargestellt.

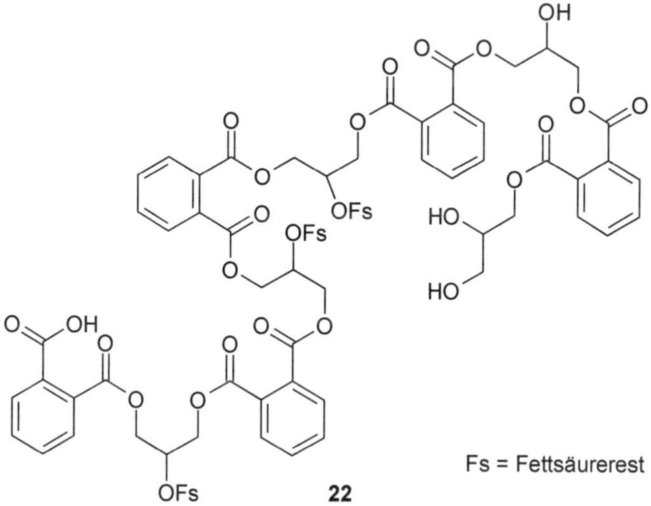

22

Fs = Fettsäurerest

Eine gezielte Auswahl der Basiskomponenten und deren Menge erlaubt die Lackformulierung optimal an das Anforderungsprofil anzupassen. Technisch eingesetzt werden als Dicarbonsäure das Anhydrid der Phthalsäure und geringe Mengen (ca. 2 %) Malein-/Fumarsäure, als Polyalkohol beispielsweiseGlycerin. Pflanzliche Öle stehen in einer Vielzahl zur Verfügung undbestimmen die Eigenschaften des Alkydharzes maßgeblich. Sojaölalkyde besitzen technische Bedeutung für trocknende Harze (s. u.)[65e].

Eingeteilt werden Alkydharze nach ihrem Ölgehalt. Dieser bezeichnet den Triglycerid (bzw. Fettsäure)-Masseanteil relativ zumlösemittelfreien Harz. Kurzölige Harze – Ölgehalt < 40 % – unterscheidet man von den mittelöligen (Ölgehalt 40 - 60 %) und langöligen, mit einem Ölgehalt > 60 %[97]. Ein weiteres Kriterium ist die Art der Filmbildung. Unterschieden werden trocknende von nicht trocknenden bzw. chemisch härtenden Harzen. Diese Eigenschaft hängt vorwiegend von der Natur des Öls/Fettsäure und dem Ölgehalt ab, wobei fließende Übergänge existieren[65e]. Der Anteil an ungesättigten Fettsäuren und die Reaktivität der Doppelbindung ist verantwortlich für das Verhältnis von oxidativer Trocknung zu chemischer Härtung, beeinflußt jedoch auch die Witterungsbeständigkeit, Farbstabilität und Glanzhaltung[97].

Bei trocknenden Alkydharzen läuft die Filmbildung nach einem radikalischen Mechanismus ab. Durch Luftsauerstoff werden Methylengruppen in α-Position zu den ungesättigten Bindungen der Fettsäuren zu Hydroperoxiden oxidiert. In Gegenwart von Sikkativen auf der Basis öl-löslicher Metallseifen (Pb, Ca, Co, Mn) entsteht durch Folgereaktionen der Hydroperoxide ein polymeres Netzwerk. Die Filme zeichnen sich durch gute mechanische Eigenschaften, Kratzfestigkeit, chemische Beständigkeit und Wasserfestigkeit aus.

Bei nicht trocknenden Alkydharzen erfolgt die Filmbildung bevorzugt durch chemische Vernetzung bei höheren Temperaturen. Eine Hydroxygruppe des Alkydharzes kondensiert beispielsweise mit einem Aminoharz. Eingesetzt werden alkylierte Melamin-Formaldehyd- oder Harnstoff-Formaldehyd-Harze[97]. Es resultieren Beschichtungsmaterialien für den Automobil- und Industriesektor. Glanz und Haftung wird vom Alkydharz bestimmt, während die Aminoharzkomponente schnelles Trocknen bei höheren Temperaturen erlaubt und die mechanischen Eigenschaften der Beschichtung verbessert[65e].

Melamin-Formaldehyd-Harze sind Polymere, die durch Kondensation von Methanal (Formaldehyd) an 2,4,6-Triamino-1,3,5-triazin (Melamin) entstehen. Lacktechnisch bedeutend sind Kondensationsprodukte des Melamins mit drei bis sechs Equivalenten Formaldehyd, die zur besseren Verträglichkeit mit Lackbindemitteln mit niederen aliphatischen Alkoholen, wie Methanol oder Butanol, verethert werden (Schema 19).

Schema 19 schematische Darstellung von Melaminharzen

H_2N N NH_2 N N NH_2 + H–CHO —Kat.→ H_2N N N(H)–CH_2–OH N N NH_2 + H–CHO —Kat.→ → →

H_2N N N(H)–CH_2–OH N N NH_2 + R–OH → H_2N N N(H)–CH_2–O–R N N NH_2

Diese Harze sind Gemische vieler Verbindungen mit unterschiedlichenMethylolierungs-, Kondensations- und Veretherungsgraden. Die Reaktivität wird bestimmt durch die Struktur und mengenmäßige Verteilung der verschiedenen funktionellen Gruppen (Schema 20) im Harz[65f].

Schema 20 funktionelle Gruppen in Melaminharzen

$-N(-\overset{H_2}{C}-OR)(-\underset{H_2}{C}-OR)$ $-N(-\overset{H_2}{C}-OR)(-\underset{H_2}{C}-OH)$ $-N(-\overset{H_2}{C}-OH)(-\underset{H_2}{C}-OH)$

$-N(-\overset{H_2}{C}-OR)(-H)$ $-N(-\overset{H_2}{C}-OH)(-H)$ $-N(-H)(-H)$

$-N(-\overset{H_2}{C}-O-\overset{H_2}{C}-OR)(-\underset{H_2}{C}-OR')$

$-\underset{H}{N}-\underset{H_2}{C}-\underset{H}{N}-$ Methylenbrücke

$-\underset{H}{N}-\underset{H_2}{C}-O-\underset{H_2}{C}-\underset{H}{N}-$ Methyloletherbrücke

Dreidimensional vernetzte Lackfilme entstehen durch Reaktion der Alkoxymethylengruppe des spröden Melaminharzes mitHydroxyl-Funktionen derplastifizierendenAlkydharze (98).

$$\text{Melamin}-N\!\left\langle {}^{\overset{H_2}{C}-O-R'} \right. \xrightarrow[\text{- HO}-\text{R'}]{\text{+ HO}-\text{Alkyd}} \text{Melamin}-N\!\left\langle {}^{\overset{H_2}{C}-O-\text{Alkyd}} \right. \qquad (98)$$

2.5.11.2 Initiierung

Für die Photooxidation von Linolsäuremethylester bei Tageslicht fanden Semmler et al.[98] als Sensibilisator das konjugierte Oxodien-System, das im UV-Bereich des Tageslichtes ($\lambda < 305$ nm) absorbiert. Konjugierte Triensysteme, die im selben Wellenlängenbereich absorbieren, und Hydroperoxide haben bei diesen Untersuchungen für die Initiierung keine Bedeutung. Eine Sensibilisierung des Sauerstoffs wird anhand der Photooxidationsprodukte ebenfalls ausgeschlossen.

Das Oxodien-Triplett abstrahiert bevorzugt Wasserstoffatome allylischerMethylengruppen des Linolsäuremethylesters. Der Wasserstoff-Abstraktion aus Hydroperoxidgruppen, die als Verunreinigungen vorhanden sind, wird aufgrund ihrer niedrigen Konzentration nur geringe Bedeutung beigemessen. In Gegenwart von Luftsauerstoff bilden sich Peroxide, die zum Abbau des Linolsäuremethylesters führen (Schema 21).

Schema 21 Oxodien-Struktur als Sensibilisator der Photooxidation

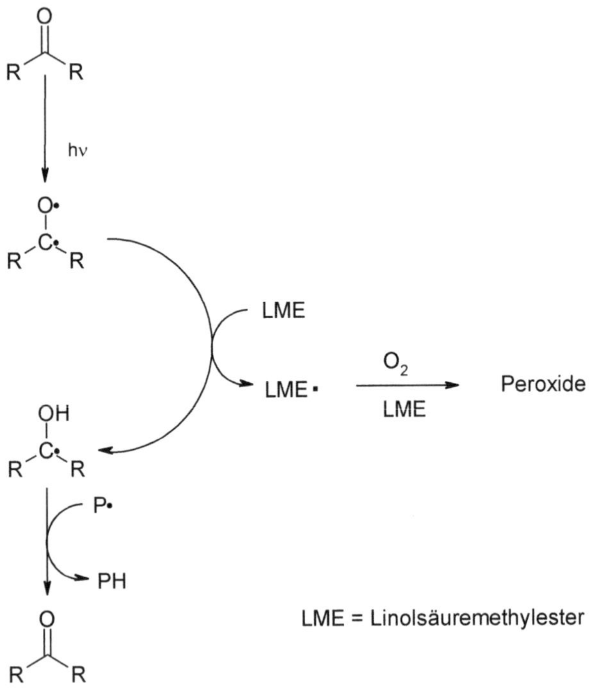

hν

LME

LME•

O_2

LME

Peroxide

P•

PH

LME = Linolsäuremethylester

Nicht nur ketonische Verunreinigungen, sondern auch der strukturelle Aufbau der Alkydharze und der Vernetzungsgrad bestimmen das photooxidative Abbauverhalten. Michaille et al.[99] machen als chromophore Gruppen in Polyestern konjugierte Strukturen aus. Phthal-, Maleïn- und Fumarsäure absorbieren bis Wellenlängen < 310 nm und wirken als Initiatoren. Durch direkte photochemische Anregung werden Esterbindungen oder Doppelbindungen gespalten und Radikale gebildet, die in Gegenwart von Luftsauerstoff zu einer induzierten Photooxidation der Polyester beitragen. Im Falle der Phthalsäure sind Decarboxylierung und Decarbonylierung zu beobachten, bei Maleïn- und Fumarsäure werden in Gegenwart von Luftsauerstoff Doppelbindungen direkt photolysiert (Schema 22)[100].

Schema 22 Initiierung durch Phthal-, Maleïn- und Fumarsäure

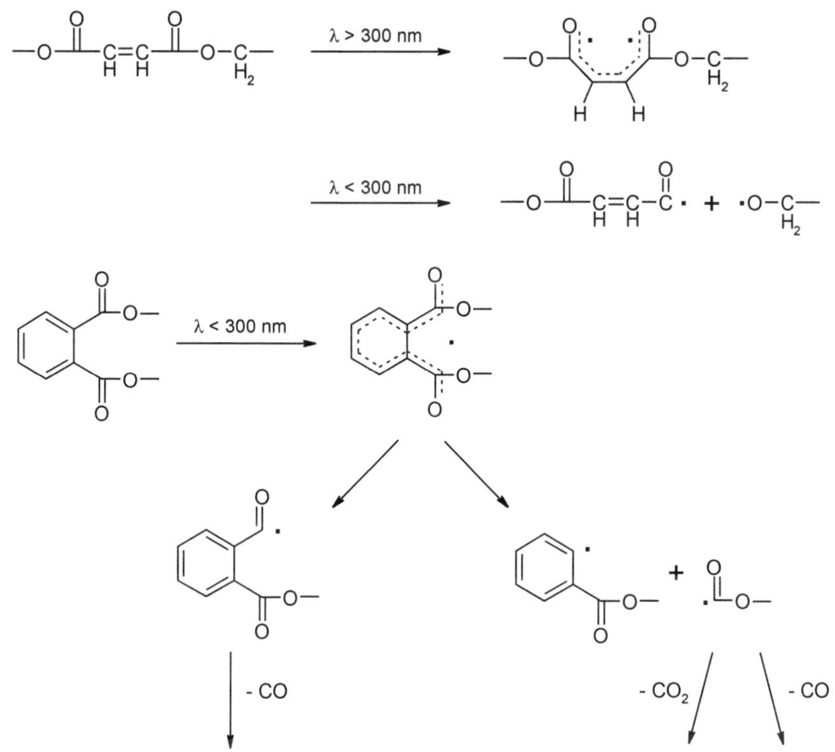

Nach Voigt wirken Sikkative (s. 2.5.11.1) beschleunigend auf den Abbau von Polyestern[101].

Bei melaminvernetzten Alkydharzen absorbiert der Triazinring Licht bis 320 nm und geht in einen angeregten Zustand über. Durch Feuchtigkeit wird letzterer leichter protoniert als der Grundzustand. Ohne Licht wird die Melaminvernetzung hydrolytisch gespalten. Bauer et al.[102] beobachten eine Abhängigkeit von der Luftfeuchtigkeit.

Neben dieser hydrolytischen Spaltung, die unabhängig von der Hydroperoxidkonzentration ist, läuft in Gegenwart von Licht dieselbe Spaltung nach einem radikalischen Mechanismus ab, der von der Hydroperoxidkonzentration abhängig ist.

Untersuchungen von Gerlock et al.[103] zeigen bei melaminvernetzten Acrylaten eine Abhängigkeit der Initiierung von der Vernetzungsdichte und den Synthesebedingungen (Art und Menge des verwendeten Initiators) des Acrylates.

2.5.11.3 Kettenspaltung und Vernetzung

Untersuchungen des photooxidativen Abbaus von Polyestern zeigen im Infrarotspektrum Banden, die Lucki et al.[100] oxidierten Struktureinheiten zuordnen. Neben Oxidationsprodukten werden Spaltungen der Polymerketten, Bildung flüchtiger Produkte, vornehmlich CO und CO_2, und Gelbildung beobachtet. Als Folge dieser chemischen Veränderungen resultieren Änderungen der mechanischen Eigenschaften.

Bei melaminvernetzten Harzen finden parallel zu photooxidativen Abbaureaktionen hydrolytische Spaltungen der Polymerkette statt. Abspaltung flüchtiger Produkte, wie Formaldehyd, lassen auf eine Spaltung der Melaminvernetzung schließen. Da sich die Vernetzungsdichte der Oberfläche jedoch wenig ändert, wird von einer Eigenkondensation der Melaminstrukturen ausgegangen. Dabei bilden sich Methylenbrücken, die weiteren photooxidativen Abbaureaktionen ausgesetzt sind. Oxidierte Spezies können infrarotspekroskopisch detektiert werden. In diesem Zusammenhang wird auch eine Oxidation des Formaldehyds zu Perameisensäure diskutiert, die als starkes Oxidationsmittel wirkt[102].

2.6 Methoden zur Bestimmung des Polymerabbaus

2.6.1 Einführung

Elektromagnetische Strahlung und Luftverunreinigungen (Ozon) verursachen Alterungserscheinungen in Polymeren, die ihre Ursachen in chemischen Prozessen haben[104]. Strukturelle Veränderungen spiegeln sich in makroskopisch beobachtbaren Änderungen chemischer, physikalischer und optischer Eigenschaften der Polymeren wieder. In der Literatur stehen zur Bestimmung des Polymerabbaus verschiedene Untersuchungsmethoden zur Verfügung[40g].

2.6.2 Gelpermeationschromatographie

Die Gelpermeationschromatographie ist ein chromatographisches Verfahren, das erlaubt, Moleküle nach ihrer Größe zu trennen. Der Trenneffekt beruht darauf, daß Moleküle eine lediglich von ihrer Größe abhängige Verweilzeit auf der Säule haben. Bei der Elution mit einem Lösemittel, meist Tetrahydrofuran, werden kleinere Moleküle stärker retardiert als größere. Für die großen Moleküle ist deshalb ein geringeres Elutionsvolumen, d. h. kürzere Zeiten, erforderlich bis sie am Detektor registriert werden. Kleinere haben eine längere Verweilzeit auf der Säule und werden später eluiert[65g].

Da die Molekülgröße eines Polymeren proportional zu seinem Molekulargewicht ist, eignet sich die Gelpermeationschromatographie, Molekulargewichtsänderungen zu bestimmen. Durch Kettenspaltungen verschiebt sich das Elutionschromatogramm nach größeren Volumina, wohingegen Kettenverzweigungen zuPolymeren führen, die nach kürzeren Zeiteneluieren.

Bedingt durch starke Verzweigungs- oder Vernetzungsreaktionen können Polymere entstehen, die unlösliches Gel bilden. Sie werden nach dieser Meßmethode nicht mehr erfaßt. Kettenverzweigungen und oxidierte Struktureinheiten verändern die Knäulform und -größe des Polymeren in Lösung und können Molekulargewichte aufweisen, die nicht den tatsächlichen entsprechen[105].

2.6.3 Infrarotspektroskopie

Die Infrarotspektroskopie ist eine zerstörungsfreie optische Technik zur Identifikation funktioneller Gruppen und zur Strukturaufklärung chemischer Verbindungen[106]. Die Energie der infraroten Strahlung ermöglicht eine Anregung von Molekülrotationen und -schwingungen, die nach ihrer Form in Valenz- bzw. Deformationsschwingung und ihrem Symmetrieverhalten (symmetrisch bzw. assymmetrisch) eingeteilt werden. In der Gasphase ist die Rotationsfeinstruktur der Schwingung aufgelöst, im festen Zustand führt sie zum Verwischen des Linienspektrums und Ausbilden von Absorptionsbanden. Die Lage dieser Banden im Spektrum wird von den Massen der beteiligten Atome und den Bindungsstärken bestimmt und ist weitgehend unabhängig von der Art ihrer benachbarten Strukturelemente. Dies erlaubt den infraroten Spektralbereich in Gebiete verschiedener charakteristischer Wellenzahlen aufzuteilen.

Auswirkungen verschiedener Abbauprozesse manifestieren sich vorallem in den oberflächennahen Bereichen der Beschichtung, die mittels reflexionsspektroskopischer Techniken untersucht werden können[107]. Stark absorbierende Gruppen zeigen eine Bandenverschiebung um bis zu 25 cm^{-1} verglichen mit denjenigen im Transmissionsspektrum. Dieser Effekt tritt bei mittelstark absorbierenden Gruppen kaum mehr auf (ca. 2 cm^{-1}) und ist bei schwach absorbierenden vernachlässigbar. Eine Zuordnung aller im Spektrum auftretenden Absorptionsbanden ist oft nicht möglich, weil durch Kopplungs- und Resonanzerscheinungen die Lage und Intensität stark beeinflußt sein kann. Überlagerung von Banden verschiedener Atomgruppierungen erschwert eine eindeutige Zuordnung zusätzlich.

Während des Polymerabbaus entstehen komplexe Produktgemische, die Verbreiterung, Verschiebung oder Verschmierung der ursprünglichen Banden hervorrufen. Neu entstehende funktionelle Gruppen sind daher oftmals schwer anhand von Schultern an stark absorbierenden Banden erkennbar.

2.6.4 Bestimmung des Gewichts

Nach Johnson et al.[108] eignen sich Gewichtsmessungen, um Abbauprozesse der Polymeren zu verfolgen. Anfangsveränderungen weichen von den Änderungen während der Bewitterung gewöhnlich ab. Rehácek et al.[109] führen diese Unterschiede auf entweichende niedermolekulare Stoffe zu Beginn der Bewitterung zurück. Danach stellt sich eine lineare Änderung ein. Die Größe dieser Änderung wird von der Art des Polymeren und seinem Molekulargewicht beeinflußt. So erfährt Polymethylmethacrylat eine geringere Gewichtsabnahme als andere Polymere. Bei demselben Polymer zeigen höhermolekulare Produkte geringere Veränderungen als niedermolekulare[108].

Änderungen im Beschichtungsgewicht während der Bewitterung resultieren aus der Bildung oxidierter Strukturen, die sich in einer Massezunahme äußern. Spaltungen von Polymerketten unter Bildung flüchtiger Produkte, führen dagegen zu einer Abnahme des Gewichtes. Die Gewichtsabnahme von Beschichtungen korreliert mit anderen Abbauveränderungen wie Glanz und Eindringhärte[109].

2.6.5 Härte eines Polymerfilms

Die Härte ist definiert als der Widerstand, den ein Polymerfilm dem Eindringen eines festen Körpers entgegensetzt[110] und in komplexer Weise mit dem Elastizitätsmodul verknüpft. Als Prüfmethoden in der Lackanalytik sind Mikroeindring[111]- oder Pendelhärte[112] bekannt. Letztere erfaßt als Maß für die relative Härte eines Polymerfilms seine Fähigkeit, die Amplitude eines schwingenden Pendels (Königs-Pendel) zu dämpfen. Bei der Mikroeindringprüfung wird ein Diamant definierter Geometrie (Vickers-Diamant) unter einer sich stufenweise verändernden Last in den Lackfilm eingedrungen. Die gemessene Eindringtiefe stellt hierbei ein Maß für die Härte dar. Ergebnisse der Mikroeindringhärte können sich von solchen aus Dämpfungsmessungen unterscheiden, da Härte und Elastizitätsmodul eine von der Methode abhängige nichtlineare Proportionalität aufweisen.

Trotz des komplexen viskoelastischen Verhaltens der Polymeren finden Müller et al.[113] eine gute Korrelation zwischen der Härte und dem Elastizitätsmodul: Große Elastizitätsmoduli zeigen Polymerfilme mit hohen Härten. Niedrige Härten werden bei Polymeren mit kleinen Modulen gemessen.

Während der Bewitterung können Spaltung oder Verzweigungen von Polymerketten Änderungen des Elastizitätsmoduls bewirken, die sich in veränderten Härten äußern. Spannungen, die bei der Bewitterung in Polymerfilmen auftreten,[114] und Änderungen der Morphologie beeinflussen die Härte ebenfalls[115].

2.6.6 Glanz und Glanzschleier

Der Glanz einer polymeren Beschichtung ist ein Sinneseindruck, der physikalische und physiologische Komponenten enthält. Meßtechnisch läßt sich der Glanz (Spiegelglanz) von Beschichtungen über den von der Oberfläche reflektierten Anteil des einfallenden Lichts messen[116]. Die Intensität des reflektierten Lichtstrahls ist abhängig vom Beobachtungswinkel und wird bei hochglänzenden Oberflächen unter einem Winkel von 20 Grad (senkrecht zum Lot) bestimmt. Brechungsindex und Oberflächenbeschaffenheit des Polymeren beeinflussen den Glanz einer Beschichtung zusätzlich[117a]. Das menschliche Auge bewertet als Glanz nicht nur den Anteil in Hauptreflexionsrichtung, sondern zusätzlich die Umgebung des Spiegelbildes.

Bei hochglänzenden Beschichtungen ist der Glanzschleier eine besondere Form der Störung. Beobachter nehmen beim Auftreten eines Glanzschleiers einen Lichthof um das Spiegelbild einer punktförmigen Lichtquelle wahr[118]. Ursachen des Glanzschleiers auf Lackoberflächen sind in Oberflächenunebenheiten zu suchen[119].

Durch Umwelteinflüsse können Polymeroberflächen geschädigt werden. Bemerkbar macht sich eine solche Schädigung in zunehmenden Oberflächenunebenheiten bedingt durch Bindemittelabbau[108]. Ein Glanzverlust bzw. ansteigender Glanzschleier sind die Folge. Der reziproke Zusammenhang zwischen Glanz und Glanzschleier kann durch Änderungen im Brechungsindex oder verändertem Absorptionsverhalten[116] (s. 2.6.7) der Beschichtung beeinflußt werden.

2.6.7 Farbmessung

Wie der Glanz einer Beschichtung ist auch die Farbe eines Objektes eine Empfindung, die durch ein komplexes Zusammenspiel von Farbreizen und physiologischen Vorgängen im menschlichen Auge und Gehirn entsteht. Als Farbreiz wird die Strahlung definiert, die von einer genormten Lichtquelle ausgeht und durch Absorption und Reflexion an Gegenständen unserer Umwelt verändert wird[117b].

Für die farbmetrische Prüfung von Lackoberflächen hat sich das CIELAB-System durchgesetzt[120]. Die drei Maßzahlen a*, b*, L* beschreiben eine Farbe als Punkt in einem Farbraum, der durch ein rechtwinkliges dreidimensionales Koordinatensystem dargestellt wird. Die zwei senkrecht aufeinander stehenden a* (rot-grün)- und b* (gelb-blau)-Achsen schneiden sich im Unbuntpunkt. Als dritte Achse steht die L* (schwarz-weiß)-Achse im Unbuntpunkt senkrecht auf der von a* und b* gebildeten Ebene. Die von a* und b* aufgespannte Ebene charakterisiert den Farbort, die Maßzahl L* macht Aussagen über die Helligkeit der Probe. Im CIELAB-System entsprechen gleiche geometrische Abstände annähernd gleich großen Farbunterschieden. Dies ermöglicht, visuell wahrnehmbare Farbänderungen durch Änderungen der Maßzahlen a*, b* und L* auszudrücken[121].

Veränderungen in der chemischen Struktur der Polymeren durch elektromagnetische Strahlung oder Schadgase äußern sich auch in verändertem Absorptionsverhalten der Beschichtung. Negativ auf das optische Erscheinungsbild wirkt sich beispielsweise die Vergilbung von Lacken im Laufe der Polymeralterung aus, die durch Veränderung der Maßzahl b* farbmetrisch erfaßt werden kann[108].

2.6.8 Glasübergangstemperatur

Die Glasübergangstemperatur ist ein Charakteristikum eines jeden Polymeren und steht in Zusammenhang mit anwendungstechnischen Eigenschaften wie der Härte oder der Haftung[122]. Durch dynamisch thermomechanische Analyse kann der Temperaturbereich bestimmt werden, in dem Kettensegmente beweglich bzw. eingefroren werden.

Die Glasübergangstemperatur ist abhängig von der chemischen Struktur der Polymeren, deren Molmasse und der Flexibilität der Polymerketten[123]. Eine Bewitterung kann zu Veränderungen oben genannter Größen führen. Kettenspaltungen tragen zu einer Abnahme der Glasübergangstemperatur bei, Verzweigungen oder Vernetzungen führen zu einer Erhöhung. Bildung oxidierter Struktureinheiten senkt die Flexibilität von Polymerketten und erhöht, ebenso wie Entfernen von retardierten Lösemitteln, die Glasübergangstemperatur[124].

3 Ergebnisse

3.1 Einführung

Lackfilme der ausgewählten Modellbindemittel,Polystyrol und Polymethylmethacrylat,wurden durch Tauchen aus verdünnter Lösung auf Aluminiumbleche(12,5 cm²) aufgebracht. Die technisch eingesetzten Bindemittel aminvernetztes Polyacrylat und Epoxidharz, aliphatisches Polyesterurethan, trocknendes und melaminvernetztes Alkydharz wurden zusätzlich mittels einer Lackschleuder auf Aluminiumbleche (50 cm²) appliziert. Jeweils fünf Proben wurden 1160 Stunden unterschiedlichen Testatmosphären (s. 6.3.2) ausgesetzt. Eine Temperatur von 40 °C und eine relative Luftfeuchte von 50 % wurde bei allen Belastungen, auch denen in Reinluft, zugrunde gelegt. Variiert wurden das Schadgas (50 ppm Ozon) oder Licht. Belichtungen wurden in Luft und in ozonhaltiger Luft durchgeführt und mit solchen in ozonhaltiger Luft ohne Belichtung verglichen. Alle Abbauerscheinungen der Polymeren in den verschiedenen Testatmosphären wurden auf Proben der jeweiligen Bindemittelsysteme bezogen, die in Reinluft (Referenz) für dieselbe Zeit gelagert waren.

Abbauerscheinungen der Modellbindemittel Polystyrol und Polymethylmethacrylat wurden mittels Extraktionen und Gelpermeationschromatographie bestimmt. Infrarotspektroskopische Untersuchungen geben Hinweise auf Abbauprodukte. Bei aminvernetztem Polyacrylat und Epoxidharz, aliphatischem Polyesterurethan, trocknendem und melaminvernetztem Alkydharz wurden neben Extraktionen und Infrarotspektren, die Glasübergangstemperaturen sowie mechanische (Härte) und optische Eigenschaften - Glanz, Glanzschleier und Farbe - untersucht. Gewichts- und Schichtdickenveränderungen wurden ebenfalls bestimmt.

3.2 Abbau des Polystyrols

3.2.1 Extraktionen und Gelpermeationschromatographie

Nach 1160 Stunden Belastung in den verschiedenen Testatmosphären (s. 3.1) wurde der Gelanteil durch Extraktion in Tetrahydrofuran bestimmt. In Tabelle 4 sind die Veränderungen der Gelanteile unterschiedlich belasteterPolystyrolproben dargestellt.

Die Ergebnisse lassen eine deutliche Zunahme des Gelanteils aller belasteten Polystyrolproben im Vergleich zur Referenz erkennen. Unter Berücksichtigung des Meßfehlers weisen die Gelanteile der in verschiedenen Testatmosphären belasteten Proben lediglich geringe Unterschiede auf.

Tabelle 4 Gelanteil bewitterter Polystyrolfilme nach 1160 Stunden

		Anteil in [%] nach		
	Referenz	Belichtung in Luft	Belichtung in ozonhaltiger Luft	Belastung mit ozonhaltiger Luft
Gel	7,2	11,8	13,1	15,5
löslich	92,8	88,2	86,9	84,5
gesamt	100,0 (= 3,20 mg)	100,0 (= 3,74 mg)	100,0 (= 3,83 mg)	100,0 (= 4,06 mg)

Die Zunahme des Gelanteils deutet auf Vernetzungsreaktionen hin, die sowohl bei der Belichtung in Luft als auch bei der Belastung mit ozonhaltiger Luft auftreten. Diese Ergebnisse korrelieren gut mit den von Razumovskii et al.[52] und Rabek et al.[73] gefundenen (s. 2.4.3.3 und 2.5.7.3). Die Kombination beider schädigenden Einflüsse, die Belichtung in ozonhaltiger Luft, zeigt ebenfalls eine Zunahme im Gelanteil, also auch Vernetzungsreaktionen. Der Gelanteil liegt zwischen demjenigen bei der Belichtung in Luft und der Belastung mit ozonhaltiger Luft.

Die Extrakte aller belasteten Polystyrolproben wurden mittels Gelpermeationschromatographie auf Veränderung im Molekulargewicht untersucht. Anhand der Elutionschromatogramme sind die Ergebnisse in Abbildung 4 graphisch dargestellt. Tabelle 5 gibt die Retentionszeiten der Maxima an.

Tabelle 5 Retentionszeiten der Maxima im Elutionschromatogramm unterschiedlich belasteter Polystyrolproben nach 1160 Stunden

		Retentionszeiten in [min] nach		
	Referenz	Belichtung in Luft	Belichtung in ozonhaltiger Luft	Belastung mit ozonhaltiger Luft
1. Maximum	6,1	-	7,3	6,3
2. Maximum	8,2	8,4	8,2	8,3
3. Maximum	9,3	-	9,2	9,5

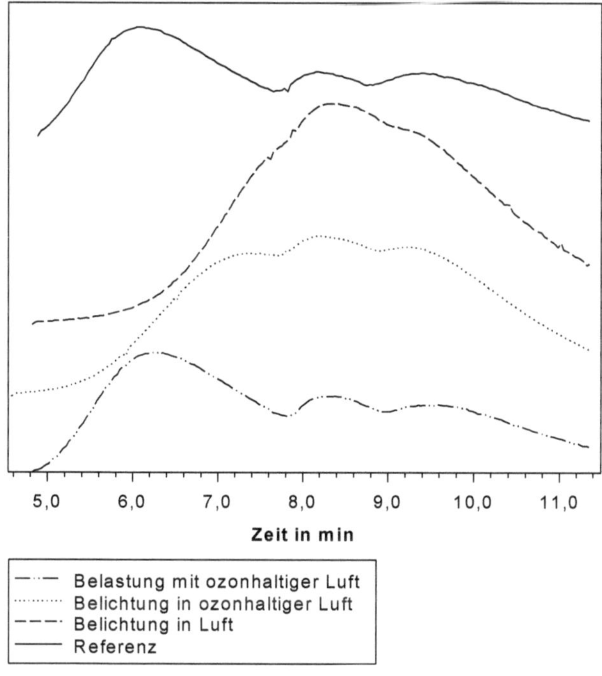

Abbildung 4 Elutionschromatogrammeverschieden belasteter Polystyrolfilme nach 1160 Stunden

Das Elutionschromatogramm der Referenzprobe weist drei Maxima auf. Vergleicht man die Chromatogramme der in verschiedenen Testatmosphären belasteten Proben untereinander, werden Unterschiede zwischen dem Einfluß ozonhaltiger Luft und der Belichtung in Luft deutlich. Die trimodale Ausgangsverteilung bleibt bei der Belichtung und der Belastung mit ozonhaltiger Luft erhalten. Der Einfluß von Ozon allein verändert weder die Form noch die Maxima des Chromatogramms deutlich, wohingegen die Kombination beider schädigenden Einflüsse sowohl die Form als auch die Lage des hochmolekularen Anteils deutlich zu längeren Retentionszeiten und damit kürzeren Polymerketten verschiebt. Werden Polystyrolfilme in Luft belichtet, zeigt das Elutionschromatogramm eine starke Abnahme im hoch- und im niedermolekularen Anteil. Das Maximum bei 6,1 min verschwindet, das bei 9,3 min bleibt als Schulter erkennbar. Hier findet bevorzugt Kettenspaltung der längerenPolymerketten statt.

3.2.2 Infrarotspektroskopische Untersuchungen

Die Polystyrolproben wurden nach 1160 Stunden Belastung in den verschiedenen Testatmosphären mittels Infrarotspektroskopie untersucht. Verglichen wurden die Spektren nach Belichtung und Belastung in ozonhaltiger Luft und nach Belichtung in Luft mit Proben, die lediglich in Luft gelagert waren (Referenz). Eine Zuordnung einiger charakteristischer Banden[125] und deren Änderungen nach Belastungen ist in Tabelle 6 wiedergegeben. Ein Vergleich der Infrarotspektren nach den unterschiedlichen Belastungen ist in Abbildung 5 dargestellt.

Tabelle 6 Zuordnung[125] und Veränderungen charakteristischer Banden von Polystyrol nach 1160 Stunden Belastung in verschiedenen Testatmosphären

Bandenlage in [cm^{-1}] und deren Zuordnung bei der Referenz	**Veränderungen charakteristischer Banden nach**		
	Belichtung in Luft	Belichtung in ozonhaltiger Luft	Belastung mit ozonhaltiger Luft
3600 - 3400[a] Streckschwingungen (O-H)	breite Bande		
3100 - 3000 arom. Streckschwingungen (=C-H)			
3000 - 2850 sym. und asym. Streckschwingungen (CH_2, CH)			
1800 - 1650 Streckschwingung (C=O)	breite intensive Bande mit Maxima bei 1734 cm^{-1}	1728 cm^{-1}	intensive Bande mit scharfem Maximum bei 1729 cm^{-1}
1600 - 1580 1500 - 1430 arom. Streckschwingungen (C=C)			
1300 - 1200[a] Schwingungen (C-O)	sehr breite Bande	breite Bande	
1300 - 1000 Deformationsschwingungen in plane (=C-H) Skelettschwingungen (C-C)	teilweise Überlagerung durch Schwingungen der C-O-Gruppe		Abnahme
910 - 660 Deformationsschwingungen out of plane (=C-H) 700 arom. Streckschwingung (C=C)			

a bei der Referenzprobe nicht zuzuordnen

Ein Vergleich der Infrarotspektren verschieden belasteter Polystyrolproben läßt Struktureinheiten erkennen, deren Bildung auf die schädigenden Einflüsse von Ozon und Licht und deren Kombination zurückzuführen ist (Abb. 5). Die Art der Belastung hat dabei entscheidende Bedeutung für die gebildeten Struktureinheiten in den Abbauprodukten derPolystyrolproben.

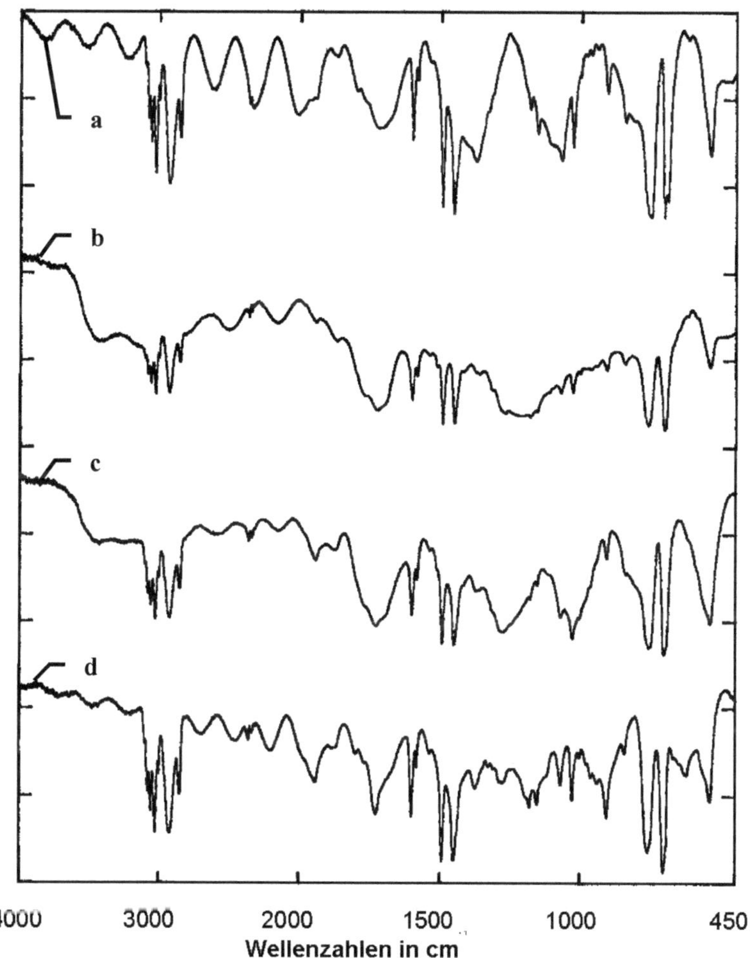

a Referenz
b Polystyrol belichtet in Luft
c Polystyrol belichtet in ozonhaltiger Luft
d Polystyrol belastet mit ozonhaltiger Luft

Abbildung 5 Infrarotspektren bewitterter Polystyrolfilme nach 1160 Stunden

Polystyrol, das mit ozonhaltiger Luft belastet war (Abb. 5d), zeigt, verglichen mit der Referenz (Abb. 5a), die für aromatische Strukturen charakteristischen Absorptionsbanden (1600 - 1430 cm^{-1}). Ein Angriff des Ozons auf die Phenylgruppe kann aber nicht vollständig ausgeschlossen werden, da die Konzentration dieser Abbauprodukte möglicherweise unter der Nachweisgrenze liegt oder durch stärkere Banden überlagert wird.

Die starke Absorptionsbande mit einem scharfen Maximum bei 1729 cm^{-1} ist den C=O-Streckschwingungen zuzuordnen. Im Infrarotspektrum fehlen Banden, die den O-H- und C-O-Schwingungen zugeordnet werden. Wenn es zu keinen Bandenüberlagerungen kommt, ist die Bildung von Carboxylgruppen in höheren Konzentrationen ausgeschlossen. Als einzige Struktureinheit mit Absorptionen in diesem Wellenlängenbereich sind Carbonylgruppen möglich. Daß diese Bande von Aldehyden verursacht wird, ist eher unwahrscheinlich, da diese von Ozon leicht oxidiert werden (s. 2.4.2.1 und 2.4.3.1). Auch Razumovskii et al.[52] finden bei der Belastung des Polystyrols mit ozonhaltiger LuftKetogruppen.

Eine Intensitätsabnahme im Bereich der C-C-Skelettschwingungen (1300 - 1000 cm^{-1}) deutet auf Vernetzungsreaktionen hin, die durch Gelbildung nachgewiesen und auch in der Literatur[52] beobachtet werden.

Werden Polystyrolproben in ozonhaltiger oder nur in Luft belichtet (Abb. 5c und b), kann eine große Ähnlichkeit zwischen beiden Spektren festgestellt werden, im Gegensatz zu einer Belastung von Polystyrol mit ozonhaltiger Luft (Abb. 5d). Die für aromatische Struktureinheiten charakteristischen Banden (s. o.) können beim Vergleich mit der Referenz in beiden Spektren eindeutig identifiziert werden. Zu beobachten ist jedoch eine teilweise Überlagerung durch neu entstandene Banden.

Bei 3400 cm^{-1} wird eine starke breite Absorptionsbande bei der Belichtung in Luft beobachtet. Dieselbe Bande, mit etwas geringerer Intensität, findet man auch bei Polystyrol, das in ozonhaltiger Luft belichtet wurde. Aufgrund der Bandenlage und -form kann diese Absorption eindeutig O-H-Streckschwingungen zugeordnet werden. Zusammen mit den ebenfalls neu auftretenden Absorptionen zwischen 1800 - 1650 cm^{-1} und 1300 - 1200 cm^{-1} kann auf oxidierte Spezies geschlossen werden.

Das Absorptionsmaximum im C=O-Streckschwingungsbereich liegt bei Filmen, die in ozonhaltiger Luft belichtet waren (Abb. 5c), bei 1728 cm^{-1} und unterscheidet sich damit nicht von demjenigen bei Belastung mit ozonhaltiger Luft (Abb 5d). Durch den zusätzlichen Einfluß von Licht wird die Absorptionsbande breiter. Schultern bei 1770 cm^{-1} (Anhydrid) und 1705 cm^{-1}

werden erkennbar. Zwischen 1200 - 1000 cm^{-1} bildet sich eine Bande aus, die aufgrund ihrer Lage und Form C-O-Schwingungen zugeordnet wird.

Wird Polystyrol dagegen nur in Luft belichtet, verschiebt sich das Absorptionsmaximum der C=O-Streckschwingung nach 1734 cm^{-1}. Die Carbonylbande wird unsymmetrisch verbreitert, dabei tritt eine zusätzliche Absorption um 1770 cm^{-1} auf. Im Bereich der C-O-Schwingungen (s. o.) tritt eine sehr breite verschmierte Bande auf.

Die Absorptionsbanden im O-H-, C=O- und C-O-Bereich bei der Belichtung von Polystyrol in Luft und ozonhaltiger Luft deuten auf Carboxygruppen hin. Eine exakte Zuordnung zu den von Lucki et al.[70] gefunden Strukturen bei belichtetem Polystyrol ist nicht möglich.

3.3 Abbau des Polymethylmethacrylats

3.3.1 Extraktionen und Gelpermeationschromatographie

Nach 1160 Stunden wurden die verschieden belasteten Polymethylmethacrylatfilmemit Tetrahydrofuran extrahiert und die Veränderungen der Gelanteile im Vergleich zu einer lediglich in Reinluft gelagerten Referenz bestimmt (s. 3.1). Sie sind in Tabelle 7 dargestellt.

Tabelle 7 Gelanteil bewitterter Polymethylmethacrylatfilme nach 1160 Stunden

		Anteil in [%] nach		
	Referenz	Belichtung in Luft	Belichtung in ozonhaltiger Luft	Belastung mit ozonhaltiger Luft
Gel	23,6	4,2	49,6	14,1
löslich	76,4	95,8	50,4	85,9
gesamt	100,0 (= 2,97 mg)	100,0 (= 5,90 mg)	100,0 (= 1,27 mg)	100,0 (= 3,34 mg)

Die Ergebnisse zeigen deutliche Unterschiede im Gelanteil. Belichtung in Luft und Polymethylmethacrylat, das mit ozonhaltiger Luft belastet war, führen zu einer Abnahme des Gelanteils. Für die Belichtung in Luft sind die Ergebnisse mit den in der Literatur beschriebenen konsistent (s. 2.5.8.2.2). Kettenspaltungsreaktionen werden für den abnehmenden Gelanteil nach der Belichtung verantwortlich gemacht.

Wirkt ozonhaltige Luft auf Polymethylmethacrylat ein, kann anhand des abnehmenden Gelanteils auch hier auf Kettenspaltungen geschlossen werden. Im Vergleich zu einer Belichtung in Luft ist die Abnahme jedoch deutlich geringer. Unterschiedliche Abbaumechanismen können dafür verantwortlich gemacht werden.

Die Kombination beider schädigender Einflüsse spiegelt sich in einem signifikant höheren Gelanteil wieder. Bei der Belichtung in ozonhaltiger Luft treten bei Polymethylmethacrylat Vernetzungsreaktionen gegenüber den Kettenspaltungen deutlich in den Vordergrund.

Die Extrakte aller belasteten Polymethylmethacrylatproben wurden mittels Gelpermeationschromatographie auf Änderungen im Molekulargewicht untersucht. Die Maxima der Retentionszeiten sind in Tabelle 8, die Elutionschromatogramme in Abbildung 6 dargestellt.

Tabelle 8 Retentionszeiten der Maxima im Elutionschromatogramm bewitterter Polymethylmethacrylatfilme nach 1160 Stunden

		Retentionszeiten in [min] nach		
	Referenz	Belichtung in Luft	Belichtung in ozonhaltiger Luft	Belastung mit ozonhaltiger Luft
1. Maximum	8,55	8,40	8,40	8,25
2. Maximum	9,65	9,60	9,45	9,45

Die Elutionschromatogramme aller belasteten Polymethylmethacrylatproben zeigen nach 1160 Stunden die bimodale Verteilung der Referenz (Abb. 6). In Abhängigkeit der Bewitterung tritt eine Verschiebung der Maxima auf (Tab. 8).

Bei belichtetem Polymethylmethacrylat nimmt der Anteil höhermolekularer Ketten zu, das Maximum verschiebt sich geringfügig nach kürzeren Retentionszeiten, d.h. höheren Molekulargewichten, die in Zusammenhang mit der Zunahme an löslichem Anteil zu sehen sind. Das Maximum der niedermolekularen Ketten ändert sich dagegen nur unwesentlich. Die Wechselwirkung von Licht mit Polymethylmethacrylat führt bevorzugt zur Spaltung der höhermolekularen Polymerketten, kürzere Ketten werden dagegen nur unwesentlich gespalten.

Der Angriff von ozonhaltiger Luft verschiebt beide Maxima zu kürzeren Retentionszeiten. Im Vergleich zur Belichtung werden die Ketten durch Ozon weniger stark abgebaut als durch Licht. Es werden höher- und niedermolekulare Polymerketten angegriffen.

Auch nach der Belichtung in ozonhaltiger Luft sind beide Maxima zu kürzeren Retentionszeiten verschoben. Die kombinierte Wirkung beider schädigender Einflüsse scheint das Molekulargewicht des niedermolekularen Anteils stärker zu erhöhen als Licht allein, was auch mit dem wesentlich höheren Gelanteil in Einklang steht. Der höhermolekulare Anteil wird durch den zusätzlichen Einfluß von Ozon nicht beeinflußt.

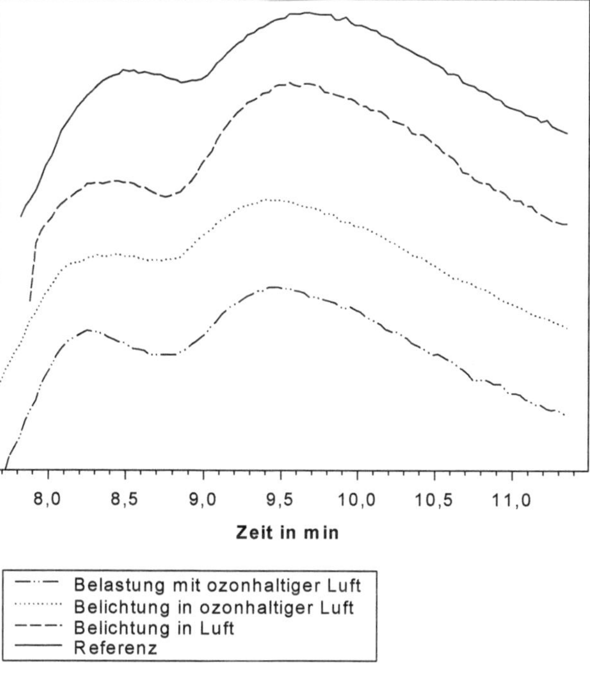

Abbildung 6 Elutionschromatogramme bewitterter Polymethylmethacrylatfilme nach 1160 Stunden

3.3.2 Infrarotspektroskopische Untersuchungen

Alle Polymethylmethacrylatproben wurden infrarotspektroskopisch auf Veränderungen charakteristischer Banden untersucht. Eine Zuordnung einiger Banden und deren Änderung während verschiedenen Belastungen ist in Tabelle 9 dargestellt. Die Infrarotspektren nach 1160 Stunden Belastung finden sich in Abbildung 7.

Die Strukturmerkmale des Methacrylates können nach 1160 Stunden Belastung in den verschiedenen Testatmosphären eindeutig identifiziert werden. Nach den infrarotspektroskopischen Untersuchungen wird Polymethylmethacrylat weder durch eine Belastung mit ozonhaltiger Luft noch durch Belichtung in Luft oder ozonhaltiger Luft signifikant abgebaut. Es treten jedoch Veränderungen der charakteristischen Banden im Bereich der Hydroxyl- und Carbonylgruppen (s. u.) bei den unterschiedlich belasteten Polymethylmethacrylaten auf.

Bei Belichtung von Polymethylmethacrylat in Luft und in ozonhaltiger Luft (Abb. 7b, c) zeigen sich im Bereich der O-H-Schwingungen zwei breite Banden, die freien (3600 cm^{-1}) bzw. gebundenen (3400 cm^{-1}) O-H-Schwingungen zuzuordnen sind. Die Intensität der gebundenen O-H-Schwingungen nimmt bei der Belichtung in Luft (Abb. 7b), verglichen mit ozonhaltiger Luft (Abb.7c), zu. Der Einfluß von Licht führt unabhängig von Schadgas zu einer Zunahme an Hydroxylgruppen bei Polymethylmethacrylat. Ozonhaltige Luft (Abb. 7d) verändert dagegen den Bereich der O-H-Schwingungen im Vergleich zur Referenz (Abb. 7a) nicht.

Tabelle 9 Zuordnung und Veränderungen charakteristischer Banden von Polymethylmethacrylat nach 1160 Stunden Bewitterung in verschiedenen Testatmosphären

Bandenlage in [cm^{-1}] und deren Zuordnung bei der Referenz	**Veränderungen charakteristischer Banden nach**		
	Belichtung in Luft	Belichtung in ozonhaltiger Luft	Belastung mit ozonhaltiger Luft
3600 - 3400[a] Streckschwingungen (O-H)	breite Banden		
3000 - 2840 sym. und asym. Streckschwingungen (CH_3, CH_2)			
1750 - 1690 Streckschwingung (C=O) Ester 1746 cm^{-1} 1711 cm^{-1}	intensive Bande mit Maximum bei 1746 cm^{-1} Schulter 1701 cm^{-1}	 Schulter 1695 cm^{-1}	 - 1716 cm^{-1}
1475 - 1380 Deformationsschwingungen (CH_3, CH_2)			
1300 - 1000 Schwingungen (C-O)			

a bei der Referenzprobe nicht zuzuordnen

Im Bereich der Carbonylschwingungen bleibt nach allen Belastungen die Streckschwingung der Estergruppe bei 1746 cm^{-1} ohne deutliche Intensitätsabnahme erhalten. Eine Esterspaltung anhand der C-O-Schwingungen (ca. 1200 cm^{-1}) nachzuweisen, war nicht möglich. Die Estergruppe wurde weder durch Belichtung in Luft bzw. ozonhaltiger Luft noch durch ozonhaltige Luft in solchem Maß gespalten, daß ein infrarotspektroskopischer Nachweis möglich war. Dies steht in Einklang mit der Tatsache, daß die Estergruppe bei Wellenlängen $\geq$ 290 nm nur schwach absorbiert[75].

Die Referenzprobe weist neben der Esterstreckschwingung eine weitere Bande bei 1711 cm^{-1} auf (Abb. 7a). Verunreinigungen, wie Monomer oder carbonylhaltige Strukturen, könnten zu dieser Absorption führen. Auch die Tatsache, daß die Bande nach 1160 Stunden Belichtung in Luft und ozonhaltiger Luft als Schulter zu erkennen (Abb. 7b, c), oder bei der Einwirkung von ozonhaltiger Luft zu kleineren Wellenzahlen verschoben ist (Abb. 7d), läßt auf eine Struktureinheit schließen, die für den Abbau von Polymethylmethacrylatverantwortlich ist. Eine exakte Zuordnung der Carbonylverbindungen, die bei Belichtung in Luft (1701 cm^{-1}) und ozonhaltiger Luft (1695 cm^{-1}) und bei Behandlung mit ozonhaltiger Luft (1716 cm^{-1}) entstehen, ist aufgrund von Bandenüberlagerungen nicht möglich. Die Absorption bei 1701 cm^{-1} liegt im Bereich von Säuren, die bei 1716 cm^{-1} von Ketonen.

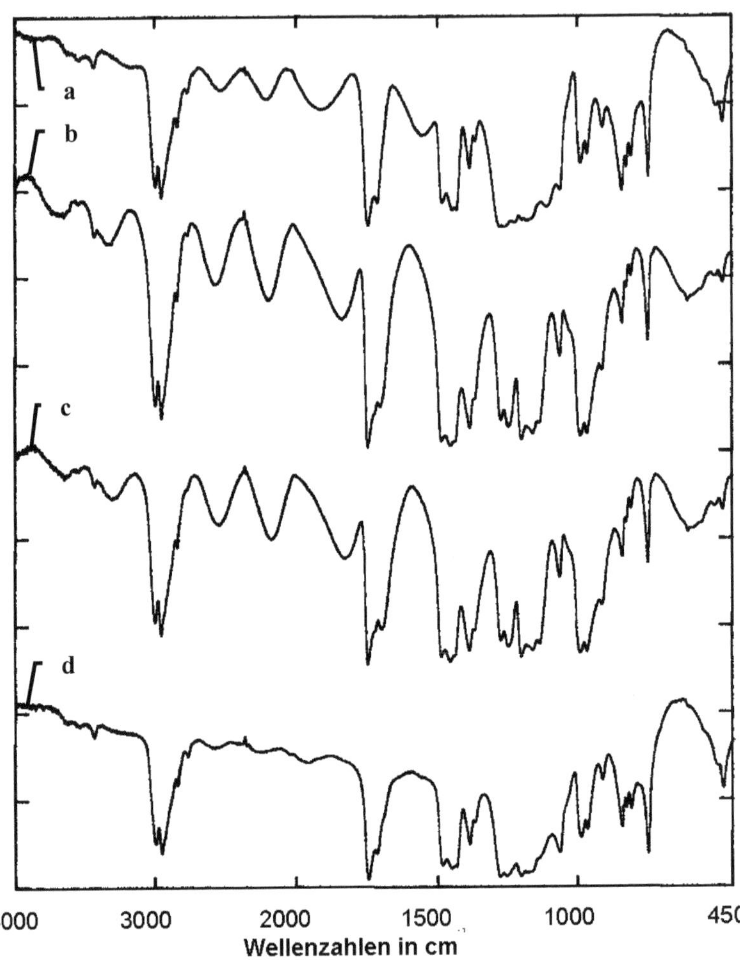

a Referenz
b Polymethylmethacrylat belichtet in Luft
c Polymethylmethacrylat belichtet in ozonhaltiger Luft
d Polymethylmethacrylatbelastet mit ozonhaltiger Luft

Abbildung 7 Infrarotspektren bewitterter Polymethylmethacrylatfilme nach 1160 Stunden

3.4 Abbau des aminvernetzten Polyacrylates

In Luft und ozonhaltiger Luft belichtetes Polyacrylat zeigt nach 1160 Stunden Bewitterung keine signifikante Änderung im Glanz, Glanzschleier und dem Farbort. Gleiches Verhalten zeigt auch Polyacrylat, das mit ozonhaltiger Luft belastet war. Die Differenzen der Meßwerte zu Glanz, Glanzschleier und Farbort sind in Anhang 1 dargestellt. Ebenso die im folgenden diskutierten.

3.4.1 Gewicht

In Abbildung 8 sind die Änderungen in den Filmgewichten von Polyacrylatproben während der Lagerung in den verschiedenen Testatmosphären dargestellt.

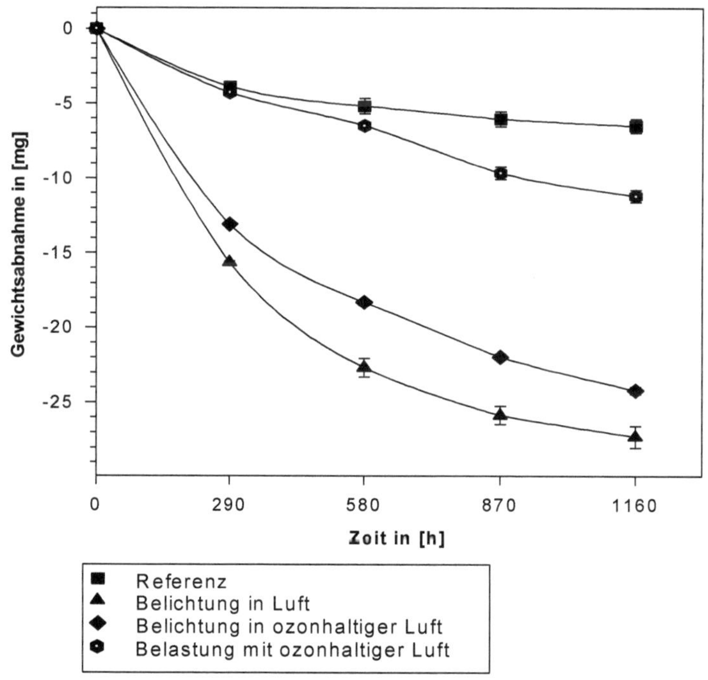

Abbildung 8 Gewichtsabnahme bewitterter Polyacrylatfilme

Alle belasteten Polyacrylate zeigen am Ende der Bewitterung eine Gewichtsabnahme im Vergleich zu der in Reinluft gelagerten Referenz. Dies deutet auf die Bildung flüchtiger Produkte hin.

In den ersten 290 Stunden verzeichnen belichtete Proben die stärkste Gewichtsabnahme. Durch photolytische Spaltung entstehen flüchtige Produkte, die für den Gewichtsverlust während der ersten 200 Stunden verantwortlich sind (s. 2.5.8.3.2). Die langsamere Gewichtsabnahme bis zum Ende der Bewitterung kann mit oxidierten Spezies erklärt werden, die sich auch infrarotspektroskopisch nachweisen lassen (3.4.7).

Wird Polyacrylat in ozonhaltiger Luft belichtet, ist über den gesamten Zeitraum der Bewitterung eine geringere Abnahme der Gewichte zu beobachten als bei Belichtung in Luft allein.

Belastet man Polyacrylat mit ozonhaltiger Luft ohne Licht, findet eine deutlich geringere Gewichtsabnahme statt als bei Belichtung in Gegenwart von Ozon. Erst nach 580 Stunden treten geringe Mengen flüchtiger Produkte auf.

3.4.2 Härte

Die Härteänderung der Polyacrylatfilme wurde mit der Pendel- und Mikroeindringhärte über den Zeitraum der Bewitterung verfolgt und ist in Abbildung 9a und b dargestellt.

Die Mikroeindringhärten aller Polyacrylatfilme zeigen nach 1160 Stunden eine Versprödung. Mit der Pendelhärte werden diese Ergebnisse bei belichteten Filmen bestätigt. Dunkel gelagerte Filme zeigen ein anderes Verhalten. Eine Versprödung läßt auf Kettenverzweigung, Vernetzung oder die Bildung oxidierter Spezies schließen. Graduelle Unterschiede in den Ergebnissen sind in der Methode begründet. Die Krafteinwirkung bei der Pendelhärte ist eine andere als bei der Mikroeindringhärte, bei der mit einem Prüfkörper in die Beschichtung eingedrungen wird und weniger abgebaute tiefere Polymerschichten die Messung beeinflussen.

Mit Licht bewitterte Polyacrylate weisen nach beiden Meßergebnissen eine stärkere Versprödung auf als die ohne Licht belasteten. Unterschiede zwischen Belichtung in Luft und ozonhaltiger Luft treten bei beiden Methoden nach 870 Stunden Bewitterung auf. Unterschiede zwischen Pendel- und Mikroeindringhärte sind auch hier zu verzeichnen. Nach 1160 Stunden wird anhand der Pendelhärten bei in Luft belichteten Filmen eine stärkere Versprödung beobachtet als in ozonhaltiger Luft. Mit der Mikrohärte wird dagegen eine geringere Versprödung festgestellt.

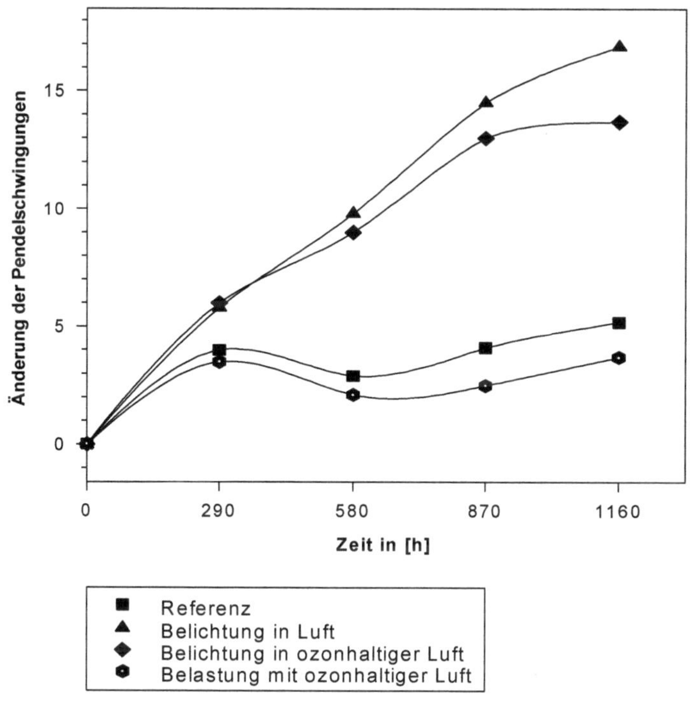

Abbildung 9a Pendelhärteänderung bewitterter Polyacrylatfilme

Die Wirkung ozonhaltiger Luft auf Polyacrylat zeigt sich bei der Mikrohärte nach 580 Stunden in einer leichten Versprödung. Im Gegensatz dazu zeigen die Pendelhärten eine Abnahme im Vergleich zur Referenz. Wie auch bei der Bildung flüchtiger Produkte (s. 3.4.1) tritt der Einfluß ozonhaltiger Luft auf den Abbau desPolyacrylats mit einer Zeitverzögerung ein.

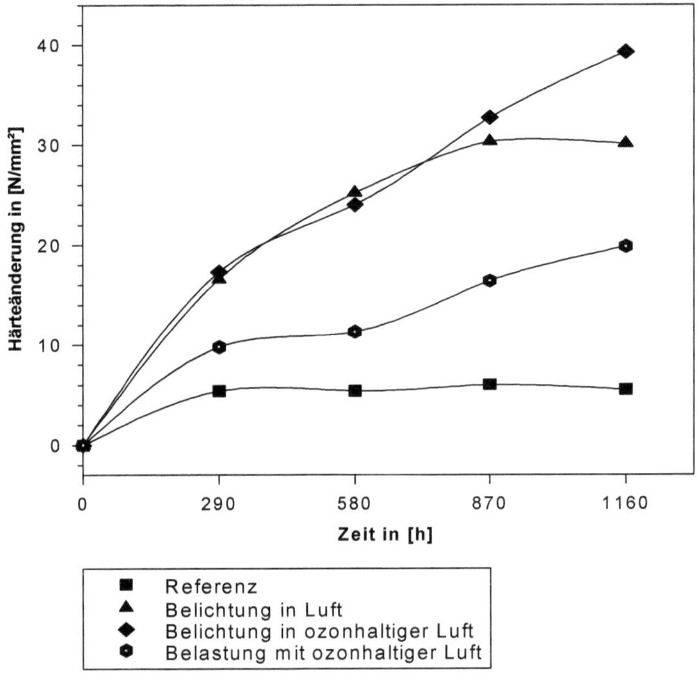

Abbildung 9b Mikrohärteänderung bewitterter Polyacrylatfilme bei 4,10 µm Eindringtiefe

3.4.3 Glasübergangstemperatur

Tabelle 10 zeigt die Glasübergangstemperaturen aller bewitterter Polyacrylatfilme nach 1160 Stunden an.

Verglichen mit der Referenz lassen sich Abbauerscheinungen anhand der Glasübergangstemperaturen bei den belichteten Polyacrylatfilmen bestimmen. Dort liegt der Anstieg bei Belichtung in Luft mit 10,8 °C über dem in ozonhaltiger Luft mit 7,3 °C. Bei der Belichtung tritt auch in Anwesenheit von Ozon Vernetzung ein, die in höheren Glasübergangstemperaturen zum Ausdruck kommt.

Ozonhaltige Luft ohne Licht wirkt sich auf die Glasübergangstemperatur mit einer Abnahme von 1,8 °C gegenüber der Referenz nicht signifikant aus. Eine Abnahme in der Glasübergangstemperatur deutet auf Kettenspaltungsreaktionen hin, die sich auch in den Ergebnissen der Pendelhärten andeuten (s. 3.4.2).

Tabelle 10 Glasübergangstemperatur bewitterter Polyacrylatfilme nach 1160 Stunden

		Glasübergangstemperatur in [°C] nach		
	Referenz	Belichtung in Luft	Belichtung in ozonhaltiger Luft	Belastung mit ozonhaltiger Luft
1160 Stunden	53,3	60,3	56,8	51,5

3.4.4 Extraktionen

Nach Extraktion mit Tetrahydrofuran wurden die Gelanteile der 1160 Stunden bewitterten Polyacrylatfilme bestimmt. Sie sind in Tabelle 11 dargestellt.

Tabelle 11 Gelanteil bewitterter Polyacrylatfilme nach 1160 Stunden

		Anteil in [%] nach		
	Referenz	Belichtung in Luft	Belichtung in ozonhaltiger Luft	Belastung mit ozonhaltiger Luft
Gel	16,2	n.b.	85,9	5,3
löslich	83,8	n.b.	14,1	94,7
gesamt	100,0 (= 3,27 mg)	n.b.	100,0 (= 2,83 mg)	100,0 (= 2,47 mg)

n.b. nicht bestimmbar

Verglichen mit der Referenz waren die Gelanteile während der Bewitterung mit Licht deutlich angestiegen. Bei der Belichtung in Luft war keine Bestimmung des löslichen Anteils möglich, da der Gelanteil durch Filtrationen nicht vom löslichen Anteil abzutrennen war. Netzwerkbildung fand auch bei Belichtung in ozonhaltiger Luft statt. Die Zunahme im Gelanteil fällt jedoch geringer aus. Vernetzung steht auch hier im Vordergrund des Abbaus. Durch Ozonausgelöste Kettenspaltungen gewinnen jedoch an Bedeutung.

Die Wirkung ozonhaltiger Luft macht sich in einem abnehmenden Gelanteil bemerkbar. Kettenspaltungen stehen hier im Vordergrund des Abbaus. Ergebnisse aus Pendelhärtemessungen und Bestimmung der Glasübergangstemperatur deuten in dieselbe Richtung.

3.4.5 Infrarotspektroskopische Untersuchungen

Alle Polyacrylatfilme wurden nach 1160 Stunden Bewitterung auf Veränderungen charakteristischer Banden untersucht. In Tabelle 12 ist eine Zuordnung einiger Banden und deren Änderung nach den Bewitterungen dargestellt. Die Infrarotspektren nach 1160 Stunden befinden sich in Abbildung 10.

Ein Vergleich der Spektren zu Beginn und nach 1160 Stunden Bewitterung zeigt bei der Referenz keine Änderung in den charakteristischen Banden (s. u.). Das mit technischem Amin vernetzte Polyacrylat (s. 2.5.8.3) ist gegen eine Temperatur- und Feuchtebelastung stabil. Die Aminstruktur (1517 cm^{-1}) der Vernetzerkomponente kann an den charakteristischen Banden – teilweise als Schulter oder Bandenverbreiterung – identifiziert werden (s. Tab. 12, Abb. 10a).

Wird Polyacrylat in Luft belichtet (s. Abb. 10b), können die Strukturmerkmale der Acrylate nach 1160 Stunden Bewitterung zweifelsfrei erkannt werden. Oxidative Abbauprozesse führen zu verändertem Absorptionsverhalten im O-H- bzw. N-H-Streckschwingungs-, im Carbonyl- und N-H-Deformationsschwingungsbereich. Eine exakte Zuordnung der neuen Banden verhindern Bandenüberlagerungen. Die in der Literatur diskutierten Abbauprodukte können Hinweise auf mögliche Zuordnungen liefern (s. 2.5.8.3.2).

Im Bereich zwischen 3600 - 3000 cm^{-1} entstehen zwei breite Absorptionsbanden mit Maxima bei 3544 cm^{-1} und 3200 cm^{-1}, die O-H-Streckschwingungen zugeordnet werden. Die Absorption bei 3544 cm^{-1} liegt im Bereich der freien oder intramolekular gebundenen Hydroxylgruppen von Carbonsäuren, deren Entstehung auch in der Literatur beschrieben wird[75]. Die zweite Absorption bei 3200 cm^{-1} wird von Liang et al.[80] Hydroxylgruppen niedermolekularer Alkohole (n-Butanol) zugeordnet, die bei der Esterspaltung entstehen.
Aus den beiden Absorptionen der N-H-Schwingungen (Abb. 10a) wird durch Photooxidation in Luft ein Produkt gebildet, das nur eine scharfe Bande bei 3438 cm^{-1} aufweist. Zusammen mit der Absorption bei 1517 cm^{-1} wird eine Oxidation zu Amid (s. 2.5.9.3) vermutet.

Im Carbonylbereich (1800 - 1680 cm^{-1}) bleibt die Streckschwingung der Estergruppe bei 1746 cm^{-1} ohne deutliche Intensitätsabnahme erhalten. Eine Esterspaltung anhand der C-O-Schwingungen nachzuweisen blieb ohne Erfolg, da die Banden durch C-N-Schwingungen überlagert sind. Spaltungen der Estergruppen sind dennoch nicht vollständig auszuschließen, wenn berücksichtigt wird, daß ein Copolymerisat aus Methylmethacrylat und n-Butylacrylat vorliegt. Untersuchungen an Polymethylmethacrylat (s. 3.3) zeigten, daß Estergruppenspaltung nicht nachweisbar ist. Möglicherweise wird die Spaltung desPolybutylacrylates dadurch verdeckt.

Tabelle 12 Zuordnung und Veränderungen charakteristischer Banden des Polyacrylats nach 1160 Stunden Belastung in verschiedenen Testatmosphären

Bandenlage in [cm^{-1}] und deren Zuordnung bei der Referenz		Veränderungen charakteristischer Banden nach		
		Belichtung in Luft	Belichtung in ozonhaltiger Luft	Belastung mit ozonhaltiger Luft
3600 - 3000	Streckschwingungen (O-H)[a]	breite Bande bei $3200\ cm^{-1}$ $3544\ cm^{-1}$	$3306\ cm^{-1}$	breite Bande bei $3250\ cm^{-1}$
	Streckschwingungen (N-H) $3440\ cm^{-1}$ $3370\ cm^{-1}$	$3438\ cm^{-1}$ --	$3438\ cm^{-1}$ --	- --
2960 - 2870	sym. und asym. Streckschwingungen (CH_3, CH_2)		-	-
1800 - 1600	Streckschwingung (C=O)			$1800\ cm^{-1}$
	Ester $1741\ cm^{-1}$ $1711\ cm^{-1}$	 - $1716\ cm^{-1}$	 -	- - $1712\ cm^{-1}$
	Amid $1604\ cm^{-1}$[a]	+	+	
1680 - 1500	Deformationsschwingungen (C-N/N-H)[b]	$1517\ cm^{-1}$	$1517\ cm^{-1}$	$1517\ cm^{-1}$
1475 - 1380	Deformationsschwingungen (CH_3, CH_2)		-	-
1300 - 1050	Streckschwingungen (C-O) Streckschwingungen (C-N)			

a bei der Referenzprobe nicht zuzuordnen
b als C=O-Bandenverbreiterung erkennbar

\- Bande mit abnehmender Intensität
-- Bande nicht zuzuordnen

Auch nach der Belichtung in ozonhaltiger Luft (Abb. 10c) sind die Strukturmerkmale der Acrylate zweifelsfrei erkennbar. Es entstehen aber Abbauprodukte, die ein verändertes Absorptionsverhalten zeigen, das den in Luft belichteten (Abb. 10b) ähnlich ist. Auch hier wird die exakte Zuordnung der oxidierten Spezies durch Bandenüberlagerungen erschwert bzw. unmöglich.

Die Aminstrukturen scheinen auch in ozonhaltiger Luft für den photooxidativen Abbau verantwortlich zu sein. Photooxidationsprodukte lassen, in Analogie zur Belichtung in Luft, eine Oxidation zu Amiden vermuten. Die starke Bande bei 1517 cm^{-1} (Abb. 10b) ist bei Belichtung in ozonhaltiger Luft intensitätsschwächer (Abb. 10c). Zusätzlich tritt eine neue breite Bande bei 1604 cm^{-1} auf. Da diese Absorption ebenfalls in den Bereich von Amiden fällt, können Photooxidationsprodukte der Amine in Luft und ozonhaltiger Luft nicht unterschieden werden.

Im Bereich der O-H-Streckschwingungen wird eine breite Bande bei 3300 cm^{-1} gefunden, die bei Hydroxylgruppen auftritt (s. 3.3.2).

Beim photooxidativen Abbau des Polyacrylats in Gegenwart von Ozon war keine Intensitätsveränderung der Estercarbonylschwingung nachweisbar. Spaltungen der Esterfunktion können auch im C-O-Schwingungsbereich nicht nachgewiesen werden. Das Acrylatpolymer zeigt beim photooxidativen Abbau in Luft und ozonhaltiger Luft kein unterschiedliches Verhalten bezüglich der Estercarbonylschwingung. Die Carbonylbande ist in ozonhaltiger Luft nach 1800 cm^{-1} deutlich verbreitert, was gebildete Ketoester oder Anhydride vermuten läßt.

In ozonhaltiger Luft lassen sich bei Polyacrylat im Gegensatz zur Belichtung in Luft Intensitätsabnahmen bei C-H-Streck- und Deformationsschwingungen beobachten. Oxidationen der C-H-Bindungen sind sowohl im Acrylatpolymer als auch im Aminvernetzer (technisches Amin) möglich.

Wird Polyacrylat mit ozonhaltiger Luft ohne Licht belastet (Abb. 10d), sind die intensitätsschwächeren Banden der Acrylate nach 1160 Stunden Bewitterung noch eindeutig zu identifizieren. Das untersuchte Acrylatpolymer wird in ozonhaltiger Luft signifikant abgebaut. Auch das vernetzende Amin wird durch ozonhaltige Luft ohne Licht angegriffen. Wie auch bei belichteten Proben führen die Oxidationsprodukte zu verändertem Absorptionsverhalten im O-H-, N-H-Streckschwingungs-, im Carbonyl- und N-H-Schwingungsbereich.

Im Bereich der O-H- und N-H-Streckschwingungen tritt ein Oxidationsprodukt auf, das bei 3440 cm^{-1} absorbiert. Zusammen mit der Bande bei 1517 cm^{-1} ist eine Amidstruktur wahrscheinlich. Beim photooxidativen Abbau in Luft und in Gegenwart von Ozon wird ein Photooxidationsprodukt beobachtet, das dieselben Absorptionen aufweist.

In den O-H-Schwingungsbereich fällt eine sehr schwache, breite Bande bei 3250 cm^{-1}. Polymer gebundene O-H-Gruppen, die durch Oxidation der tertiären Wasserstoffatome in der Polyacrylatkette entstehen, absorbieren zwischen 3200 - 3400 cm^{-1}. Auch Hydroxylgruppen der Carbonsäuren fallen in diesen Absorptionsbereich.

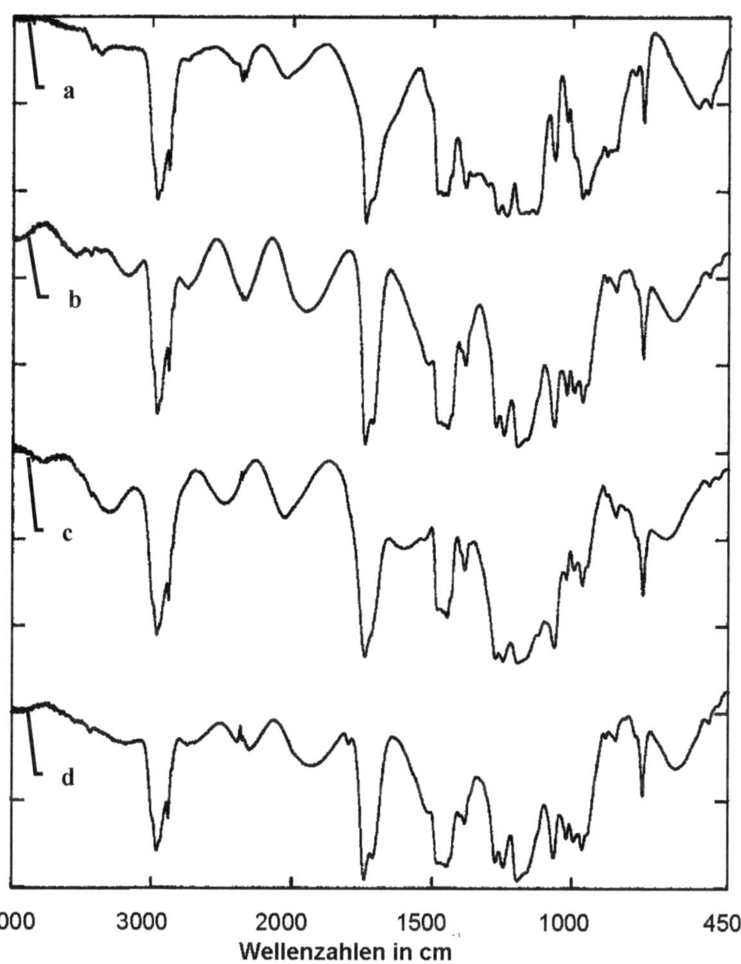

a Referenz
b Polyacrylat belichtet in Luft
c Polyacrylat belichtet in ozonhaltiger Luft
d Polyacrylat belastet mit ozonhaltiger Luft

Abbildung 10 Infrarotspektren bewitterter Polyacrylatfilme nach 1160 Stunden

Im Carbonyl-Streckschwingungsbereichtritt eine sehr scharfe Bande bei 1800 cm^{-1} auf. Anhydride, wie auch Peroxide absorbieren zwischen 1840 - 1740 cm^{-1}. Von den zwei Banden wird die niederfrequente durch die Absorption der Carbonylgruppe überlagert. Die Absorption der Anhydride zwischen 1170 - 1050 cm^{-1} ist ebenfalls durch C-O-Schwingungen der Ester überlagert und kann zur Zuordnung nicht herangezogen werden.

Aus der Schulter bei 1716 cm^{-1} wird nach der Bewitterung mit ozonhaltiger Luft eine Bande bei 1712 cm^{-1} gefunden. Auch hier kann keine exakte Zuordnung gefunden werden, da sowohl Ketone als auch Säuren in diesem Bereich absorbieren.

3.5 Abbau des aminvernetzten Epoxidharzes

Alle Epoxidharze zeigen nach 1160 Stunden Bewitterung in verschiedenen Testatmosphären keine signifikanten Veränderungen im Gewicht und Glanzschleier. Die Differenzen zu den Meßwerten befinden sich in Anhang 2. Ebenso die der nachfolgend diskutierten.

3.5.1 Härte

Die Härteänderung der Epoxidharzfilme wurde mit der Pendel- (Abb. 11a) und der Mikroeindringhärte (Abb. 11b) über den Zeitraum der Bewitterung verfolgt.

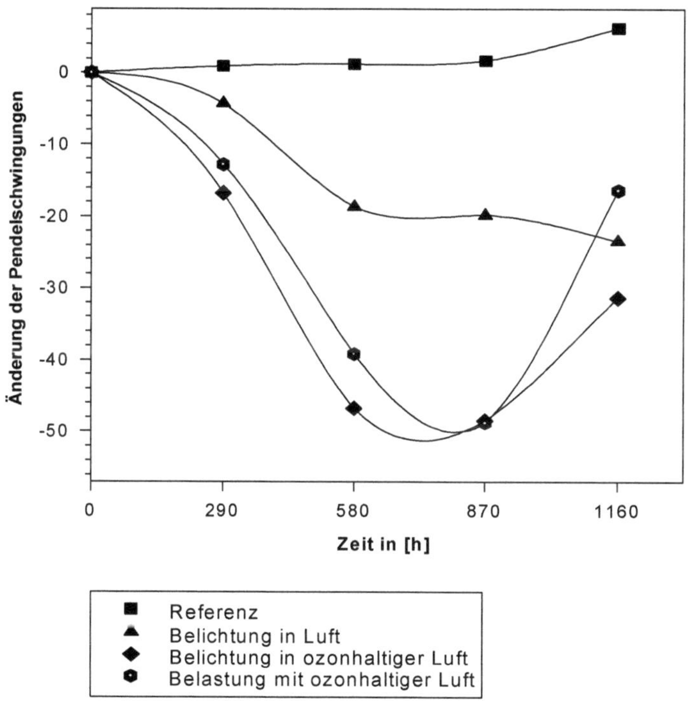

Abbildung 11a Pendelhärteänderung bewitterter Epoxidharzfilme

Die Härtebestimmung mittels Dämpfungsverhalten (Abb. 11a) zeigt ein grundsätzlich anderes Verhalten verglichen mit der durch Eindringversuch bestimmten (Abb. 11b).

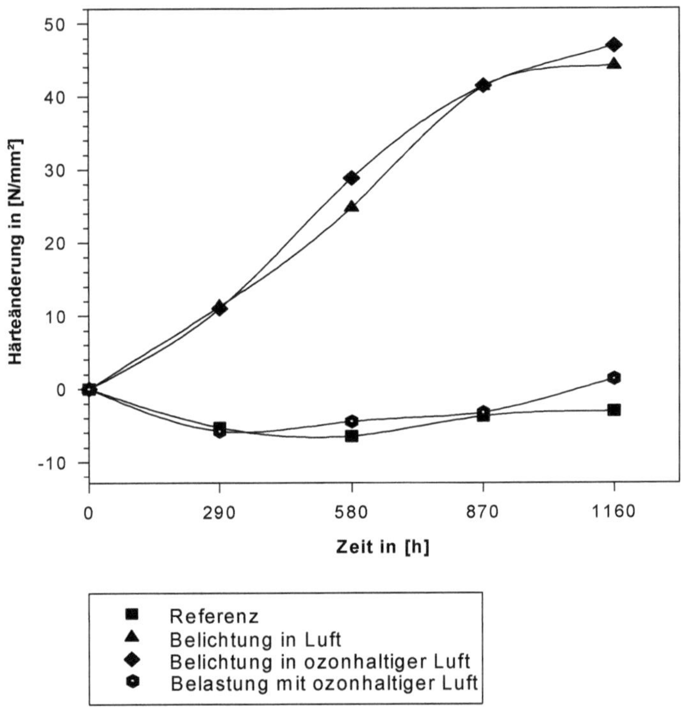

Abbildung 11b Mikrohärteänderung bewitterter Epoxidharzfilme bei 3,85 µm Eindringtiefe

Im Dämpfungsverhalten wird durch die Abnahme der Pendelschwingungen angedeutet, daß beim Abbau an der Oberfläche Kettenspaltungen gegenüber Vernetzungsreaktionen dominieren. Bis 580 Stunden Bewitterung wird in ozonhaltiger Luft eine stärkere Abnahme der Pendelschwingungen beobachtet als bei der Belichtung in Luft allein. Danach steigen die Härten der in Luft und ozonhaltiger Luft belichteten Filme wieder an. Bei belichteten Filmen bleibt die abnehmende Tendenz der Härte bestehen. Dies deutet sich auch bei der in ozonhaltiger Luft belichteten Probe an, die einen geringeren Härteanstieg als die nur mit ozonhaltiger Luft belastete zeigt.

Durch Eindringversuch ermittelten Härteänderungen zeigen für belichtete Epoxidharzfilme einen deutlichen Anstieg, der auf den Einfluß der weniger abgebauten tieferen Polymerschichten zurückgeführt wird. Belichtete Proben in Luft und ozonhaltiger Luft unterscheiden sich in der Härtezunahme während der Bewitterung nicht. Auch das Schadgas Ozon hat keinen Einfluß auf die Mikroeindringhärte.

3.5.2 Glanz

Die Glanzänderung wurde über den Zeitraum der Bewitterung verfolgt und ist in Abbildung 12 dargestellt.

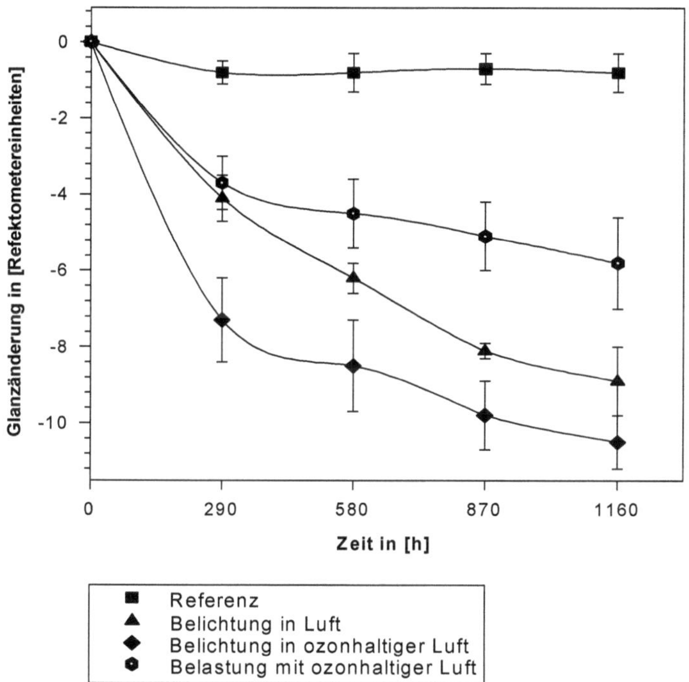

Abbildung 12 Glanzänderung bewitterter Epoxidharzfilme

Alle hochglänzenden Epoxidharzfilme zeigen einen Glanzabfall verglichen mit der in Reinluft gelagerten Referenz. Dafür wird die Schädigung der Polymeroberfläche während der Bewitterung in den verschiedenen Testatmosphären verantwortlich gemacht. Epoxidharzfilme, die mit ozonhaltiger Luft belastet waren, zeigen einen geringeren Glanzabfall als belichtete. Zwischen den in Luft und ozonhaltiger Luft belichteten Proben kann ein unterschiedlicher Glanzabfall lediglich zu Beginn der Bewitterung festgestellt werden. Ozon scheint die Schädigung der Oberfläche dort zu verstärken. Am Ende der Bewitterung kann jedoch kein Unterschied mehr festgestellt werden, da die Glanzwerte zu stark streuen.

3.5.3 Farbmessung

Änderungen im Farbort der bewitterten Epoxidharzfilme sind in den Abbildung 13a und b dargestellt. Die Referenzprobe zeigt mit -0,5 einen Grün (a*)- und mit +0,4 einen Gelbstich (b*).

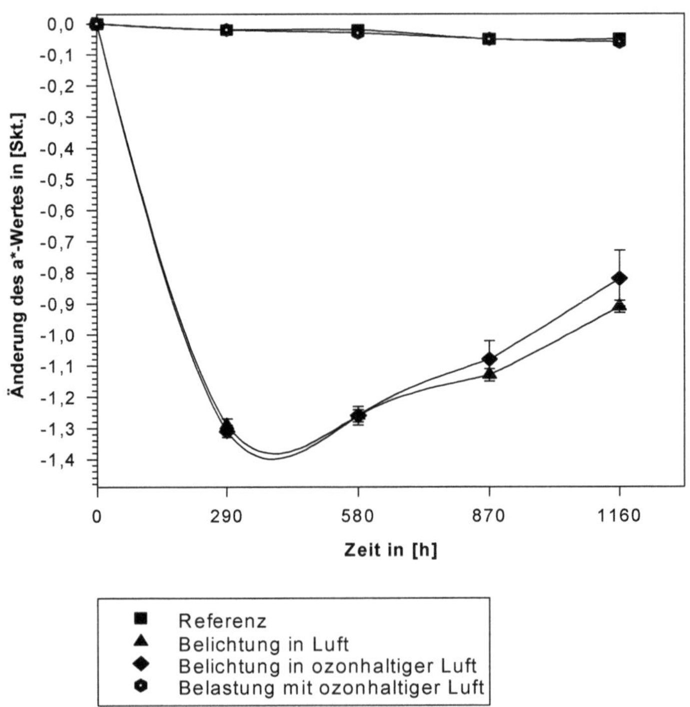

Abbildung 13a Änderung im Farbort (rot-grün-Achse) bewitterter Epoxidharzfilme

Eine Veränderung im Farbort kann lediglich bei belichteten Epoxidharzfilmen beobachtet werden. Licht führt zu einem größeren b*-Wert (Abb. 13b), d.h. einer Vergilbung, und einem kleineren a*-Wert (Abb. 13a) - also grünstichigeren Epoxidharzfilmen.

Zu Beginn der Bewitterung zeigen belichtete Epoxidharzfilme einen stark zunehmenden Grünstich, der nach 580 Stunden langsam wieder abnimmt, d.h. weniger grünstichig wird (Abb. 13a). Die Tendenz zur Vergilbung (Abb. 13b) ist bis 290 Stunden am höchsten. Es folgt bis zum Ende der Bewitterung ein linearer Anstieg. Belastung mit ozonhaltiger Luft allein wirkt sich, verglichen mit der Referenz, nicht auf den Farbort aus. Wohingegen die Belichtung unabhängig von Ozon eine starke Veränderung des Farbortes bewirkt.

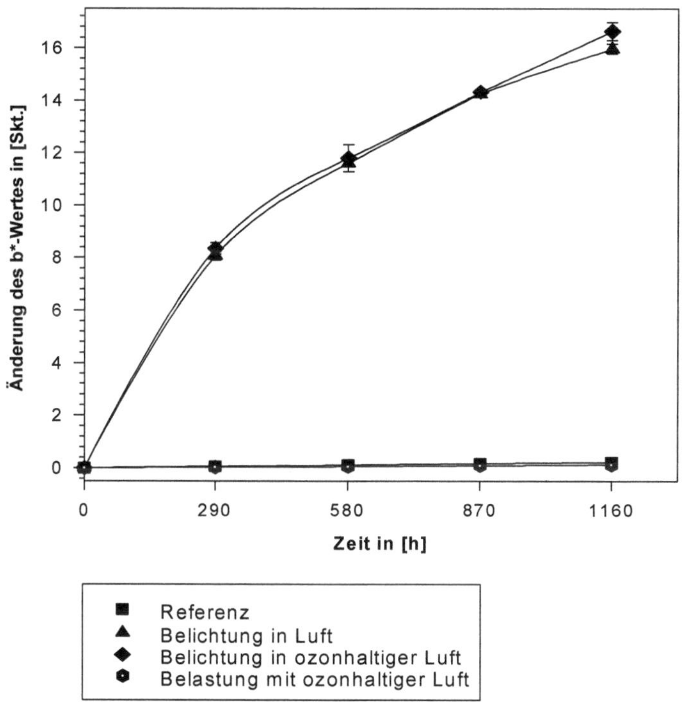

Abbildung 13b Änderung im Farbort (gelb-blau-Achse) bewitterter Epoxidharzfilme

3.5.4 Glasübergangstemperatur

Tabelle 13 zeigt die Glasübergangstemperaturen aller bewitterten Epoxidharzfilme nach 1160 Stunden.

Spaltungen der Polymerketten aller bewitterten Epoxidharze zeigen sich im Vergleich zur Referenz an niedrigeren Glasübergangstemperaturen. Unterscheiden lassen sich die Einflüsse der verschiedenen Testatmosphären aufgrund der Glasübergangstemperaturen jedoch nicht.

Tabelle 13 Glasübergangstemperatur bewitterter Epoxidharzfilme nach 1160 Stunden

		Glasübergangstemperatur in [°C] nach		
	Referenz	Belichtung in Luft	Belichtung in ozonhaltiger Luft	Belastung mit ozonhaltiger Luft
1160 Stunden	105	98	97	99

3.5.5 Extraktionen

Nach Extraktion mit Tetrahydrofuran wurden die Gelanteile der 1160 Stunden bewitterten Epoxidharzfilme bestimmt. Sie sind in Tabelle 14 dargestellt.

Tabelle 14 Gelanteil bewitterter Epoxidharzfilme nach 1160 Stunden

		Anteil in [%] nach		
	Referenz	Belichtung in Luft	Belichtung in ozonhaltiger Luft	Belastung mit ozonhaltiger Luft
Gel	94,3	47,9	40,4	87,8
löslich	5,7	52,1	59,6	12,2
gesamt	100,0 (= 3,48 mg)	100,0 (= 3,40 mg)	100,0 (= 3,42 mg)	100,0 (= 3,95 mg)

Verglichen mit der Referenz zeigen Epoxidharzfilme nach Bewitterung in den verschiedenen Testatmosphären geringere Gelanteile. Es finden durch Belichtung in Luft und ozonhaltiger Luft Kettenspaltungen statt, die zu einer deutlichen Abnahme imGelanteil führen. In Anwesenheit von Ozon scheint sich der Abbau durch Kettenspaltungen leicht zu verstärken. Belastung mit ozonhaltiger Luft dagegen macht sich lediglich in einer geringen Abnahme im Gelanteil bemerkbar.

3.5.6 Infrarotspektroskopische Untersuchungen

Alle Epoxidharzfilme wurden nach 1160 Stunden Bewitterung auf Veränderungen charakteristischer Banden untersucht. In Tabelle 15 ist eine Zuordnung einiger Banden und deren Änderung dargestellt. Die Infrarotspektren nach 1160 Stunden befinden sich in Abbildung 14.

Durch Spektrenvergleich vor und nach der Feuchte- und Temperaturbelastung konnte bei der Referenzprobe keine Änderung der charakteristischen Banden beobachtet werden. Der Aminhärter kann nicht eindeutig identifiziert werden (Abb. 14a). Lediglich die N-H-Streckschwingungen sind erkennbar.

In belichteten Epoxidharzfilmen (Abb. 14b, c) treten Banden der aromatischen Strukturen mit geringeren Intensitäten auf. Photooxidative Abbauprodukte in Luft (Abb. 14b) und ozonhaltiger Luft (Abb. 14c) führen zu Veränderungen der Banden im O-H- und Carbonylstreckschwingungsbereich. Die Zuordnung im Bereich der Etherschwingungen (C-O) wird durch starke Bandenverbreiterungen erschwert.

Die Absorptionsbande der O-H-Streckschwingungen wird durch Belichtung in Luft und ozonhaltiger Luft nach kleineren Wellenzahlen verbreitert. Dies geht einher mit einer Maximumsverschiebung in dieselbe Richtung. Photooxidation in Luft (Abb. 14b) führt zu neuen hydroxylgruppenhaltigen Spezies, erkennbar an der deutlichen Intensitätszunahme. Wohingegen Belichtung in ozonhaltiger Luft (Abb. 14c) lediglich eine verbreiterte Bande ohne Intensitätszunahme erkennen läßt.

Neue Absorptionsbanden im Bereich der Carbonylstreckschwingungen finden sich sowohl bei der Belichtung in Luft als auch in ozonhaltiger Luft. Form und Lage der Banden lassen auf Spezies schließen, die durch Oxidation der α-Methylengruppe von Ethern oder Aminen entstanden sind. Absorptionen um 1736 cm^{-1} fallen in den Bereich der Ester. Die Zuordnung ist jedoch nicht eindeutig, da Überlagerung durch Carbonylverbindungen, beispielsweise Ketone, gegeben ist. Banden um 1654 cm^{-1} sind Amiden zuzuordnen.

Eine verschmierte Bandenstruktur zwischen 1300 - 1000 cm^{-1} erschwert die eindeutige Zuordnung der Etherschwingungen bei in Luft belichteten Filmen (Abb. 14b). Die Bande bei 1042 cm^{-1} wird intensitätsschwächer, die bei 1255 cm^{-1} ist stark verbreitert.
Der Einfluß ozonhaltiger Luft und Licht (Abb. 14c) zeigt ebenfalls die stark verschmierte Bandenstruktur. Wie im Falle in Luft belichteter Filme kommt es bei der Bande bei 1042 cm^{-1} zu einer Intensitätsabnahme. Die Absorption bei 1255 cm^{-1}, die Lin et al.[84] Phenolen zuordnen, verschiebt sich nach 1247 cm^{-1}.

Tabelle 15 Zuordnung und Veränderungen charakteristischer Banden des Epoxidharzes nach 1160 Stunden Belastung in verschiedenen Testatmosphären

Bandenlage in [cm^{-1}] und deren Zuordnung bei der Referenz	**Veränderungen charakteristischer Banden nach**		
	Belichtung in Luft	Belichtung in ozonhaltiger Luft	Belastung mit ozonhaltiger Luft
3600 - 3200 Streckschwingungen (O-H) 3410 cm^{-1} (N-H)	Verbreiterung 3341 cm^{-1} + --	 3333 cm^{-1} --	 3419 cm^{-1} -
3100 - 3000 arom. Streckschwingungen (C-H)	--	--	
2960 - 2870 sym. und asym. Streckschwingungen (CH_3, CH_2)	-	-	-
1800 - 1620 Streckschwingung (C=O)[a] Carbonylverbindungen Amide	neue Banden 1736 cm^{-1} 1654 cm^{-1}		neue Bande 1747 cm^{-1}
1610 - 1500 arom. Streckschwingungen (C=C) 1608 cm^{-1} 1582 cm^{-1} 1515 cm^{-1}	 - -- 1510 cm^{-1}	 - -- 1508 cm^{-1}	
1475 - 1360 Deformationsschwingungen (CH_3, CH_2) 1461 cm^{-1} (gem. CH_3) 1384 cm^{-1} 1363 cm^{-1}	 - - -	 - - -	 -
1300 - 1000 asym. und sym. Streckschwingungen (C-O) 1255 cm^{-1} 1042 cm^{-1}	 b b	 1247 cm^{-1} -	 1251 cm^{-1} -
1182 Streckschwingung (Ph-C(CH_3)-Ph)		-	
825 Deformationsschwingung arom. C-H bei p-Substitution			

a bei der Referenzprobe nicht zuzuordnen
b breite verschmierte Bandenstruktur

\- Bande mit abnehmender Intensität
-- Bande nicht zuzuordnen

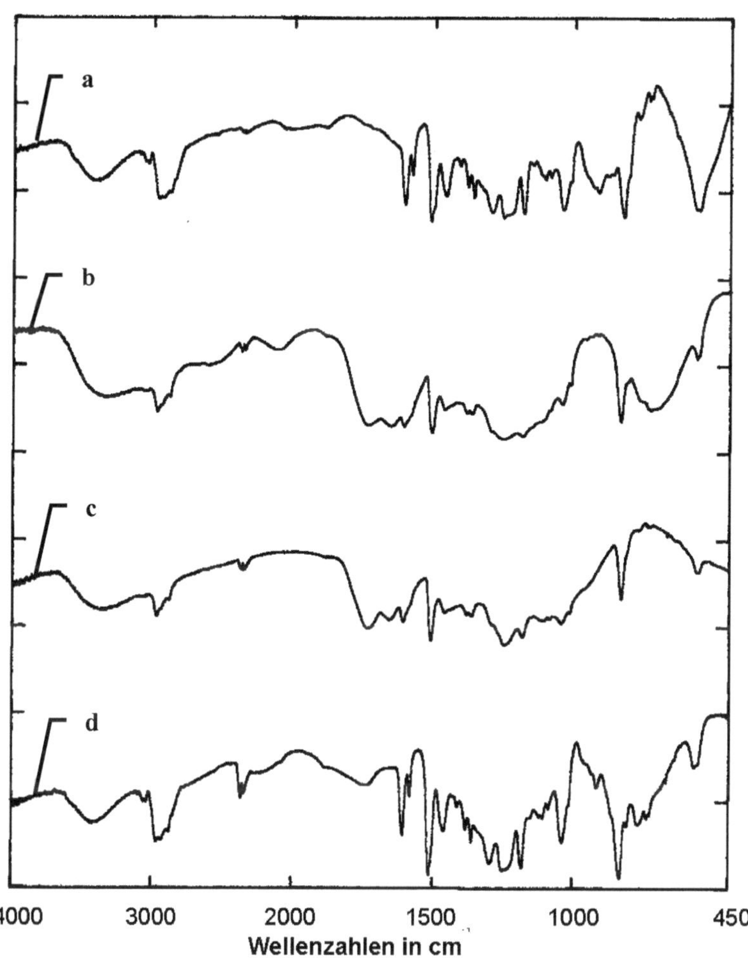

a Referenz
b Epoxidharz belichtet in Luft
c Epoxidharz belichtet in ozonhaltiger Luft
d Epoxidharz belastet mit ozonhaltiger Luft

Abbildung 14 Infrarotspektren bewitterter Epoxidharzfilme nach 1160 Stunden

Epoxidharzfilme, die mit ozonhaltiger Luft ohne Licht belastet waren (Abb. 14d), zeigen im Vergleich zu belichteten Filmen (Abb. 14b, c) keine signifikanten Änderungen im Absorptionsverhalten. Sowohl die aromatischen Struktureinheiten wie auch die aliphatischen Ketten der Bisphenol-A-Komponente sind zuzuordnen. Abnehmende Intensität kann lediglich für die aliphatischen Struktureinheiten beobachtet werden, wohingegen Aromaten nicht signifikant angegriffen werden. Der Abbau von Epoxidharzfilmen in Gegenwart ozonhaltiger Luft zeigt sich in Veränderungen der Absorptionsbanden im O-H-, Carbonyl- und im Streckschwingungsbereich der Ether.

Die Intensität der Hydroxylschwingungen nimmt ohne signifikante Maximumsverschiebung ab. Durch ozonhaltige Luft werden in Epoxidharzfilmen Produkte gebildet, die durch Oxidation von Hydroxygruppen zu den entsprechenden Ketonen entstanden sein dürften.

Gleichzeitig entsteht im Bereich der Carbonylstreckschwingungen eine neue breite Bande bei 1747 cm^{-1}, die im Vergleich zu den Photooxidationsprodukten zu kürzeren Wellenlängen verschoben ist. Da die Schwingung in den Bereich der Ester fällt und eine Abnahme der Hydroxyfunktionen beobachtet wird, könnten α-Keto-Ester zu dieser Absorption führen. Eine eindeutige Zuordnung ist auch hier nicht möglich.

Absorptionen im Amidbereich (1654 cm^{-1}) werden nach der Belastung mit ozonhaltiger Luft nicht beobachtet. Es scheint, daß ozonhaltige Luft bei diesem Epoxidharzsystem nur Methylengruppen in α-Stellung zu Etherfunktionen oxidiert, nicht jedoch solche, die Aminfunktionen benachbart sind.

3.6 Abbau des aliphatischen Polyesterurethansystems

Alle Polyurethanfilme zeigen nach 1160 Stunden Bewitterung in verschiedenen Testatmosphären keine signifikanten Veränderungen in Schichtdicke, Pendelhärte, Glanzschleier und im Gelanteil nach der Extraktion in Tetrahydrofuran. Die Differenzen zu den Meßwerten befinden sich in Anhang 3.

3.6.1 Gewicht

Abbildung 15 zeigt die Änderung der Filmgewichte unterschiedlich bewitterter Polyesterurethanfilme. Die Gewichtsänderungen der Referenzprobe liegen im Rahmen des Meßfehlers und werden als konstant betrachtet (s. 3.6.6).

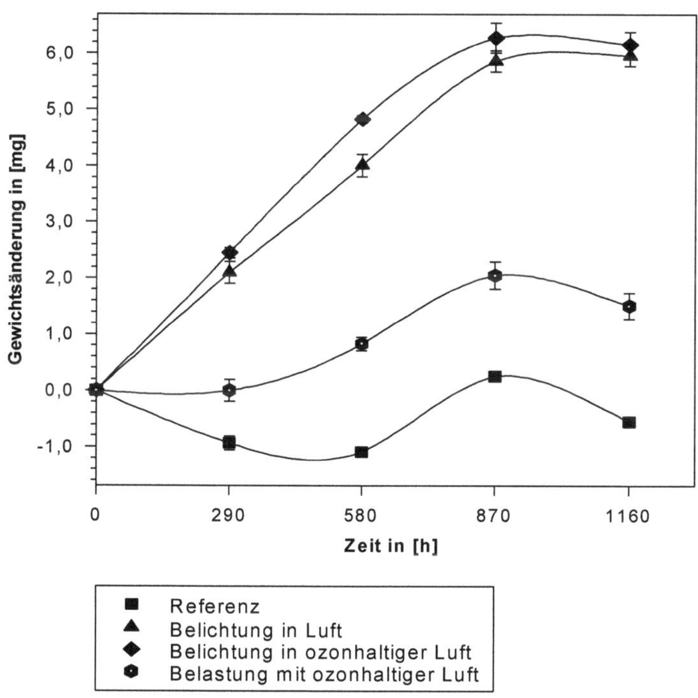

Abbildung 15 Gewichtsänderung bewitterter Polyurethanfilme

Im Vergleich zur Referenz zeigen allebewitterten Polyurethane eine Gewichtszunahme, die auf Bildung oxidierter Spezies zurückgeführt werden kann. Die Gewichtszunahme belichteter Filme in ozonhaltiger Luft ist von der in Luft belichteter Filme nicht zu unterscheiden. Ozonhaltige Luft in Gegenwart von Licht hat, der Gewichtsänderung nach zu urteilen, keinen beobachtbaren Einfluß auf den photooxidativen Abbau. Bis 870 Stunden findet bei beiden Filmen eine starke Gewichtszunahme statt, die danach konstant bleibt. Werden Polyurethanfilme mit ozonhaltiger Luft ohne Licht belastet, deutet sich ebenfalls eine Gewichtszunahme an. Verglichen mit belichteten Filmen ist sie jedoch deutlich geringer.

3.6.2 Härte

Die Härteänderung der Polyurethanfilme wurde mit der Mikroeindringhärte (Abb. 16) verfolgt. Die Pendelhärte läßt keine signifikanten Veränderungen erkennen (s. Anhang 3).

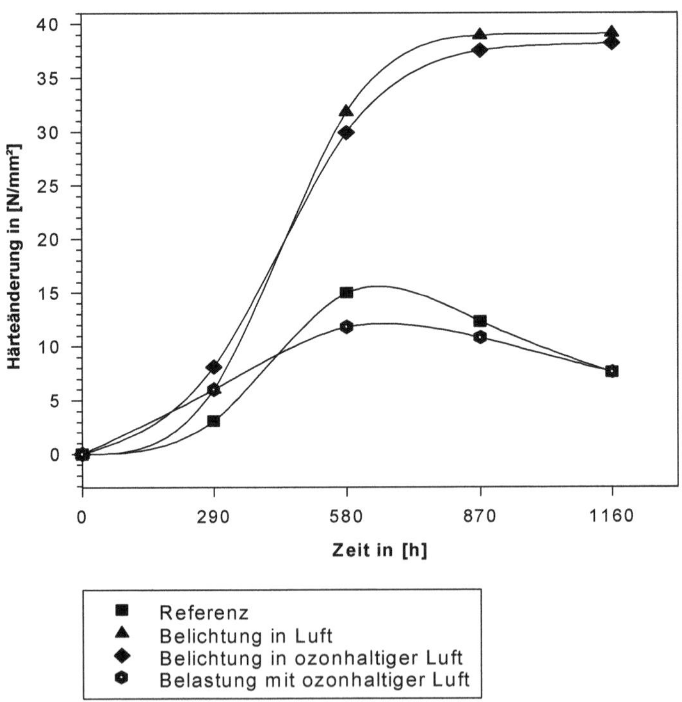

Abbildung 16 Mikrohärteänderung bewitterter Polyurethanfilme bei 4,12 µm Eindringtiefe

Feuchte- und Temperaturbelastung zeigen bei der Referenz Auswirkungen auf die Mikroeindringhärte. Der Anstieg bis 580 Stunden könnte eine Folge der Diffusion von Luftfeuchtigkeit in den Film sein, die mit nicht umgesetzten Isocyanatgruppen (s. 3.6.6) reagiert und zur Versprödung führt. Weitere Einlagerung von Wasser kann einen plastifizierenden Effekt auf die mechanische Belastung haben.

Ein Einfluß ozonhaltiger Luft ohne Licht auf Polyurethane kann bei diesen Untersuchungen nicht festgestellt werden. Veränderungen durch Schadgas sind von Temperatur- und Feuchtebelastung überlagert, so daß kein Einfluß auf dieMikroeindringhärte beobachtet wird.

Bei Belichtung in Luft und ozonhaltiger Luft zeigt das Polyurethan eine Versprödung gegenüber der Referenz. Ein Einfluß von Ozon kann anhand der Mikroeindringhärte bei belichteten Polyurethanfilmen nicht festgestellt werden. Die beobachtete Versprödung könnte durch oxidierte Spezies oder Vernetzungsreaktionen verursacht worden sein.

3.6.3 Glanz

Die Glanzänderung der Polyurethanfilme wurde über den Zeitraum der Bewitterung verfolgt und ist in Abbildung 17 dargestellt.

Nach 1160 Stunden Temperatur- und Feuchtebelastung zeigt die hochglänzende Referenzprobe einen zu vernachlässigenden Glanzverlust. Polyurethanproben, die in Luft belichtet waren, weisen ebenfalls keinen Glanzverlust auf.

Eine Änderung der optischen Eigenschaften kann dagegen bei Polyurethanfilmen beobachtet werden, die ozonhaltiger Luft ausgesetzt waren. Nach 1160 Stunden Belastung mit ozonhaltiger Luft weist das Polyurethan einen geringen Glanzverlust auf. Wird in ozonhaltiger Luft belichtet ist der Glanzabfall zu Beginn der Bewitterung am höchsten und erreicht nach 580 Stunden einen konstanten Wert.

Das Schadgas Ozon führt bei diesem Polyurethansystem zu einer Schädigung der Polymeroberfläche, die sich in einem Glanzverlust bemerkbar macht. Zu Beginn der Bewitterung ist diese Schädigung am höchsten.

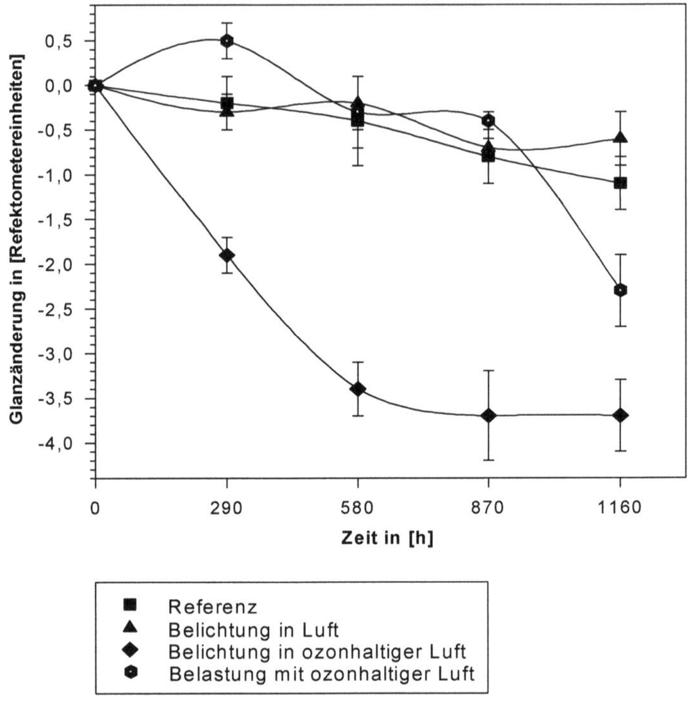

Abbildung 17 Glanzänderung bewitterter Polyurethanfilme

3.6.4 Farbmessung

Änderungen im Farbort der bewitterten Polyurethanfilme sind in den Abbildung 18a und b dargestellt. Die Referenzprobe zeigt mit -0,5 einen Grün (a*)- und mit +0,4 einen Gelbstich (b*).

Polyurethanfilme, die in ozonhaltiger Luft gelagert waren, zeigen verglichen mit der Referenz keine Änderung im Farbort. In Gegenwart von Licht wird eine starke Änderung im Farbort bei Belichtung in Luft und in ozonhaltiger Luft beobachtet. Es findet eine Zunahme des b*-Wertes (Abb. 18b), was mit einer Vergilbung gleichzusetzen ist, und eine Abnahme im a*-Wert (Abb. 18a) statt. Das Polyurethan wird grünstichiger.

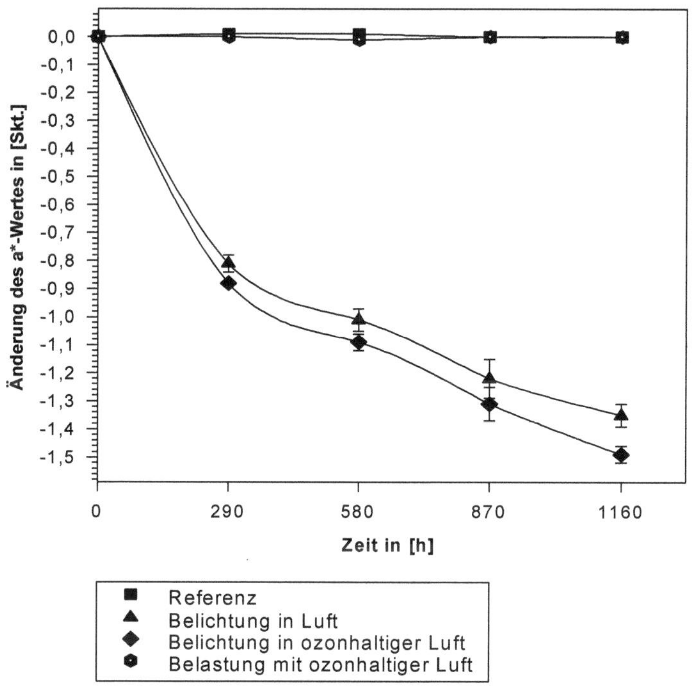

Abbildung 18a Änderung im Farbort (rot-grün-Achse) bewitterter Polyurethanfilme

Die Filme zeigen nach 1160 Stunden Belichtung in Luft oder ozonhaltiger Luft unterschiedliche Veränderungen im Farbort. Mit ozonhaltiger Luft belichtete Proben weisen einen stärkeren Grünstich auf und sind stärker vergilbt.

Die hier beobachtete Vergilbung muß in Zusammenhang mit nicht vernetzten Isocyanatgruppen im Polyurethanfilm gesehen werden (s. 3.6.6). Durch Hydrolyse bilden sich Struktureinheiten, wie Amine, die unter Lichteinfluß zur Vergilbung führen können.

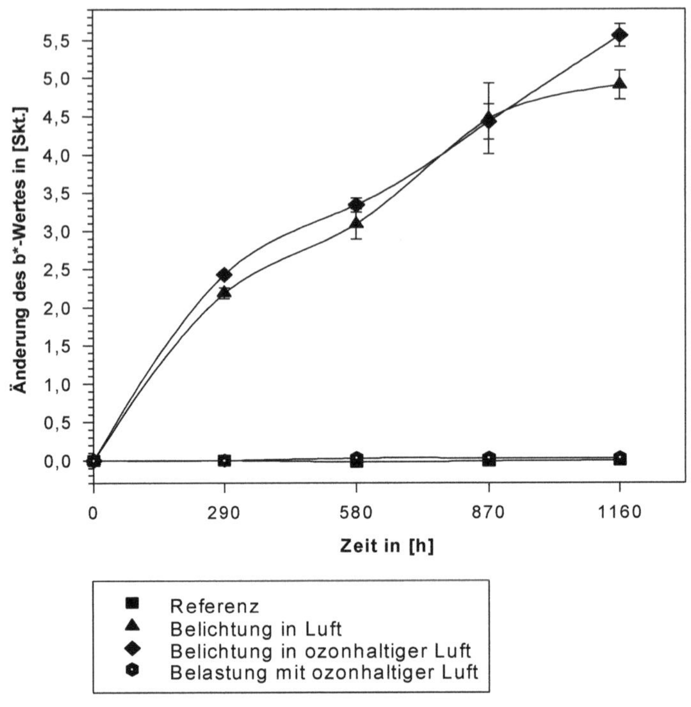

Abbildung 18b Änderung im Farbort (gelb-blau-Achse) bewitterter Polyurethanfilme

3.6.5 Glasübergangstemperatur

Tabelle 16 zeigt die Glasübergangstemperaturen aller bewitterten Polyurethanfilme nach 1160 Stunden. Im Vergleich zur Referenz sind die Änderungen der Glasübergangstemperaturen der Polyurethanfilme nach derBewitterung in verschiedenen Testatmosphären gering.

Eine geringfügige Abnahme der Glasübergangstemperatur wird bei belichteten Polyurethan-filmen beobachtet, die auf Spaltungen der Polyurethanketten zurückgeführt werden kann. Der photooxidative Abbau in Luft und ozonhaltiger Luft führt nach 1160 Stunden nicht zu unter-schiedlichen Glasübergangstemperaturen. Ozonhaltige Luft ohne Licht wirkt sich auf die Glas-übergangstemperatur nicht signifikant aus.

Tabelle 16 Glasübergangstemperatur bewitterter Polyurethanfilme nach 1160 Stunden

	Referenz	Glasübergangstemperatur in [°C] nach Belichtung in Luft	 Belichtung in ozonhaltiger Luft	 Belastung mit ozonhaltiger Luft
1160 Stunden	95,5	90,0	91,5	97

3.6.6 Infrarotspektroskopische Untersuchungen

Alle Polyurethanfilme wurden nach 1160 Stunden Bewitterung in den verschiedenen Testatmosphären auf Veränderungen charakteristischer Banden untersucht. In Tabelle 18 ist eine Zuordnung einiger Banden und deren Änderung nach denBewitterungen dargestellt. Die Infrarotspektren nach 1160 Stunden befinden sich in Abbildung 19.

Durch Spektrenvergleich vor und nach der Temperatur- und Feuchtebelastung sind bei der Referenzprobe keine Änderung in charakteristischen Banden, die der Polyolkomponente zugeordnet werden, zu beobachten. Das Spektrum (Abb. 19a) zeigt nach 1160 Stunden eine Bande, die im Bereich der Absorption von Isocyanatgruppen (2270 cm^{-1}) liegt. Absorptionen im Bereich aromatischer Struktureinheiten (1598 cm^{-1}) sind der bei Polyestern häufig eingesetzten Phthalsäure zuzuordnen. Eine eindeutige Zuordnung der Absorptionen im Carbonylstreckschwingungsbereich ist aufgrund mehrfacherBandenüberlagerung nicht möglich.

Ein Vergleich von Polyurethanen, die in Luft (Abb. 19b) und ozonhaltiger Luft (Abb. 19c) belichtet waren, zeigen identische Infrarotspektren. Es ließ sich bei diesem Polyurethansystem kein Einfluß von Ozon auf den photooxidativen Abbau feststellen. Nachfolgend werden daher Veränderungen charakteristischer Banden belichteter Polyurethanfilme mit und ohne Ozon gemeinsam diskutiert.

In belichteten Polyurethanfilmen sind nach 1160 Stunden Banden der aromatischen Strukturen nicht mehr erkennbar. Ob die Absorptionen bei 3070 und 1598 cm^{-1} lediglich überlagert sind, ist nicht eindeutig festzustellen. Daß die aromatische Strukturen der Phthalsäure in Gegenwart von Licht abgebaut werden, läßt sich bei dem untersuchten Polyurethansystem nicht eindeutig klären. Vergleiche mit den nachfolgend diskutierten Alkydharzsystemen (s. 3.7, 3.8), bei denen ein Abbau der Phthalsäure in Gegenwart von Licht beobachtet wird, legen diesen Schluß nahe.

Tabelle 18 Zuordnung und Veränderungen charakteristischer Banden des Polyurethans nach 1160 Stunden Belastung in verschiedenen Testatmosphären

Bandenlage in [cm^{-1}] und deren Zuordnung bei der Referenz		Veränderungen charakteristischer Banden nach		
		Belichtung in Luft	Belichtung in ozonhaltiger Luft	Belastung mit ozonhaltiger Luft
3600 - 3100	Streckschwingungen (N-H) 3368 cm^{-1} (O-H) [a]	Bandenverbreiterung -		- -
3100 - 3000	arom. Streckschwingung[b] (C-H)	nicht mehr erkennbar		
3000 - 2800	sym. und asym. Streckschwingung (CH_2/CH_3)	-		-
2270	asym. Streckschwingung (NCO)	-		-
1800 - 1600	Streckschwingung (C=O)[b] 1741 cm^{-1} 1700 cm^{-1} 1680 cm^{-1} 1640 cm^{-1}	Bandenverbreiterung - Strukturen nicht aufgelöst		Intensitätsabnahme aufgelöste Strukturen
1598	arom. Streckschwingung (C=C)	überlagert durch breite Bande		
1580 - 1500	Kombinationsschwingung (C-N)/(N-H) 1554 cm^{-1}	Intensitätsabnahme mit Maximumverschiebung 1525 cm^{-1}	1528 cm^{-1}	Verbreiterung
1480 - 1360	Deformationsschwingung (CH_2)[c]	-	-	-
1300 - 1000	asym. und sym. Streckschwingung (C-O)	breite, nicht aufgelöste Bandenstruktur		aufgelöste Bandenstruktur
980	[b]	nicht mehr aufgelöst		-

a als Schulter erkennbar
b exakte Zuordnung nicht möglich
c überlagert durch C-N/N-H-Schwingung
\- Bande mit abnehmender Intensität

Photooxidative Abbauprodukte (Abb. 19b, c) führen zu Veränderungen der Banden im NH- bzw. OH- und Carbonylstreckschwingungsbereich. Absorptionen der C-O-Ester- und Etherschwingungen (1300 - 1000 cm^{-1}) erfahren deutliche Veränderungen. Eine Intensitätsabnahme wird auch bei den Methylenschwingungen beobachtet. Nach 1160 Stunden Belichtung tritt keine Absorption bei 2270 cm^{-1} auf, überschüssige Isocyanatgruppen sind vollständig abgebaut worden.

Die Bande bei 3368 cm^{-1} erfährt bei belichteten Filmen eine Intensitätsabnahme unter gleichzeitiger Verbreiterung. Die Form der breiten Bande ist charakteristische für Hydroxygruppen. Es müssen die NH-Funktionen abgebaut und OH-Gruppen gebildet worden sein.

Im Bereich der Carbonylstreckschwingungen findet eine Verbreiterung der Bande statt. Gleichzeitig wird eine geringe Intensitätsabnahme bei 1741 cm^{-1} beobachtet. Struktureinheiten, die zwischen 1730 - 1600 cm^{-1} absorbieren, nehmen zu und führen zu einer verschmierten Bandenstruktur. In Gegenwart von Licht bilden sich Carbonyl- und Carboxylgruppen, die zu der beobachteten Gewichtszunahme (s. 3.6.1) führen.

Im Absorptionsbereich der C-O-Schwingungen führt der photooxidative Abbau zu einem Gebiet mit verschmierter Bandenstruktur, die eine Zuordnung einzelner Spezies unmöglich macht. Intensitätsveränderungen lassen sich daher nicht erkennen.

Die Bande bei 1554 cm^{-1} erfährt in Gegenwart von Licht eine Intensitätsabnahme unter gleichzeitiger Verschiebung nach kürzeren Wellenzahlen. Eine Oxidation in α-Stellung zur Amidfunktion unter Imidbildung deutet sich in dieser Verschiebung an, kann jedoch nicht mit Sicherheit bewiesen werden. Daß bevorzugt Methylengruppen in α-Position zu funktionellen Gruppen oxidativ angegriffen werden, zeigt sich in einer Abnahme C-H-Streck- (3000 - 2800 cm^{-1}) und Deformationsschwingungen (1480 - 1360 cm^{-1}).

Ein Einfluß ozonhaltiger Luft ohne Licht auf Polyurethanfilme läßt sich im Infrarotspektrum (Abb. 19d) beobachten. Veränderungen durch ozonhaltige Luft machen sich im NH- bzw. OH- und Carbonylstreckschwingungsbereich bemerkbar. Ein Angriff der aliphatischen Ketten läßt sich feststellen. Im Gegensatz zu belichteten Filmen bleiben die Phthalsäurestrukturen ohne Einwirkung von Licht erkennbar.

Eine Intensitätsabnahme der NH-Streckschwingungen unter Beibehalten der Bandenform wird, in Analogie zu belichteten Filmen, auf eine Abnahme der NH-Funktionen zurückgeführt.

Im Bereich der Carbonylstreckschwingungen wird am Ende der Belastung eine geringe Intensitätsabnahme mit deutlich aufgelösten Banden – Maxima bei 1694 und 1639 cm^{-1} – gefunden. Welchen Spezies sie im einzelnen zuzuordnen sind, ist aufgrund von Bandenüberlagerungen in diesem Bereich nicht möglich. Die Bande mit Maximum bei 1745 cm^{-1} bleibt in ihrer Intensität unverändert.

Die C-O-Schwingungen der Ester- und Ethergruppen bleiben lagekonstant und unverändert in ihrer Intensität. Wohingegen bei den Streck- und Deformationsschwingungen der Methylengruppen eine Intensitätsabnahme beobachtet wird.

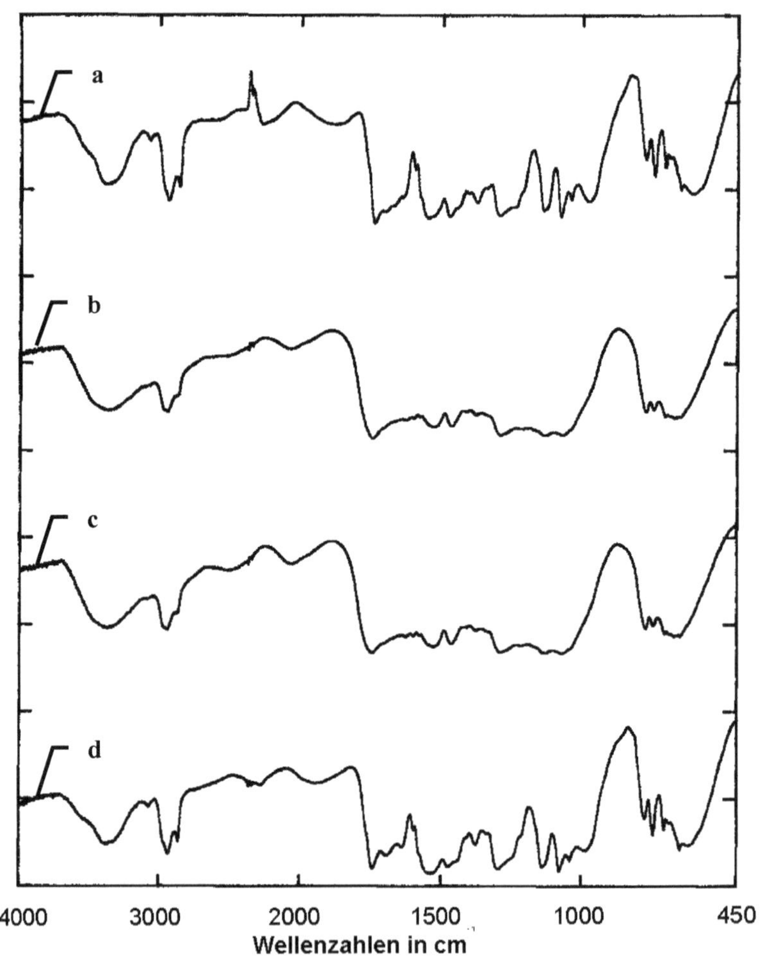

a Referenz
b Polyurethan belichtet in Luft
c Polyurethan belichtet in ozonhaltiger Luft
d Polyurethan belastet mit ozonhaltiger Luft

Abbildung 19 Infrarotspektren bewitterter Polyurethanfilme nach 1160 Stunden

3.7 Abbau des trocknenden Alkydharzes

Alle trocknenden Alkydharzfilme zeigen nach 1160 Stunden Bewitterung in verschiedenen Testatmosphären signifikante Veränderungen. Die Differenzen zu den Meßwerten befinden sich in Anhang 4.

3.7.1 Gewicht

Abbildung 20 zeigt die Änderung der Filmgewichte unterschiedlich bewitterter Alkydharzfilme. Die Referenzprobe zeigt während der Lagerung in Reinluft eine Gewichtsabnahme, die in Zusammenhang mit dem Entfernen retardierten Lösemittels steht.

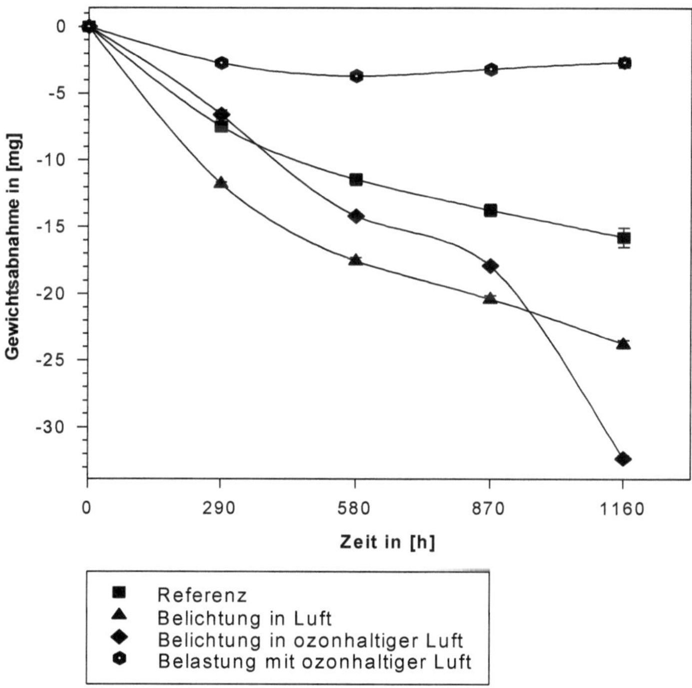

Abbildung 20 Gewichtsänderung bewitterter lufttrocknender Alkydharzfilme

Im Vergleich zu den Gewichtsänderungen der Referenzprobe zeigen belichtete Alkydharzfilme eine Gewichtsabnahme, die mit der Bildung flüchtiger Spaltprodukte erklärt wird. Filme verhalten sich bei Belichtung in Luft und ozonhaltiger Luft unterschiedlich. Zu Beginn ist der Gewichtsverlust bei Belichtung in ozonhaltiger Luft geringer als bei Belichtung in Luft allein. Die Bildung oxidierter Strukturen durch Ozon erklären den geringeren Gewichtsverlust in ozonhaltiger Luft. Bis zum Ende der Bewitterung ist der Gewichtsverlust bei belichteten Filmen in ozonhaltiger Luft größer als bei in Luft belichteten. Möglicherweise beschleunigen oxidierte Strukturen den Abbau weiter. Werden Alkydharzfilme mit ozonhaltiger Luft belastet, zeigt sich eine deutliche Gewichtszunahme verglichen mit der Referenz. Die Zunahme der Filmgewichte läßt auf oxidierte Strukturen schließen, die den Gewichtsverlust durch Entfernen retardierten Lösemittels kompensieren.

3.7.2 Härte

Die Härteänderung der Alkydharzfilme wurde mit der Pendel- und der Mikroeindringhärte (Abb. 21) über den Zeitraum der Bewitterung verfolgt. Die Änderung der Pendelhärten korreliert gut mit denjenigen der Mikroeindringhärten und sind daher nicht graphisch dargestellt.

Die Feuchte- und Temperaturbelastung zeigt bei der Referenzprobe Auswirkungen auf die Mikroeindringhärte, die sich in einer anfänglichen Zunahme äußert und mit einer Nachhärtung erklärt wird.

Verglichen mit der Referenzprobe erfahren belichtete Alkydharzfilme eine Versprödung. Bei Belichtung in Luft steigt die Härte zu Beginn stark an, fällt dann bis zum Ende wieder ab. Denselben Verlauf zeigen mit ozonhaltiger Luft belichtete Filme. Die Härte lag hier jedoch immer unter der bei in Luft belichteten Proben gemessenen. Zu Beginn der Belichtungen werden oxidierte Strukturen und Vernetzungen gebildet, die zur Versprödung führen. Die Abnahme der Härte kann durch Kettenspaltungen, die gut mit den beobachteten Gewichtsverlusten korrelieren, erklärt werden.

Alkydharzfilme, die mit ozonhaltiger Luft belastet waren, zeigen eine Härteabnahme, die zu Beginn der Belastung von der Nachhärtung durch Entfernen retardierten Lösemittels überlagert wird. Ozonhaltige Luft führt bei Alkydharzfilmen zu Kettenspaltungen.

Die Härtebestimmung mittels Dämpfungsprüfung zeigt denselben Verlauf wie die Mikroeindringhärte. Alle bewitterten Alkydharzfilme weisen nach 1160 Stunden kleinere Pendelhärten auf als die Referenzprobe. Kettenspaltungen finden bevorzugt in oberflächennahen Polymerschichten statt, wohingegen die tieferen weniger stark abgebaut sind.

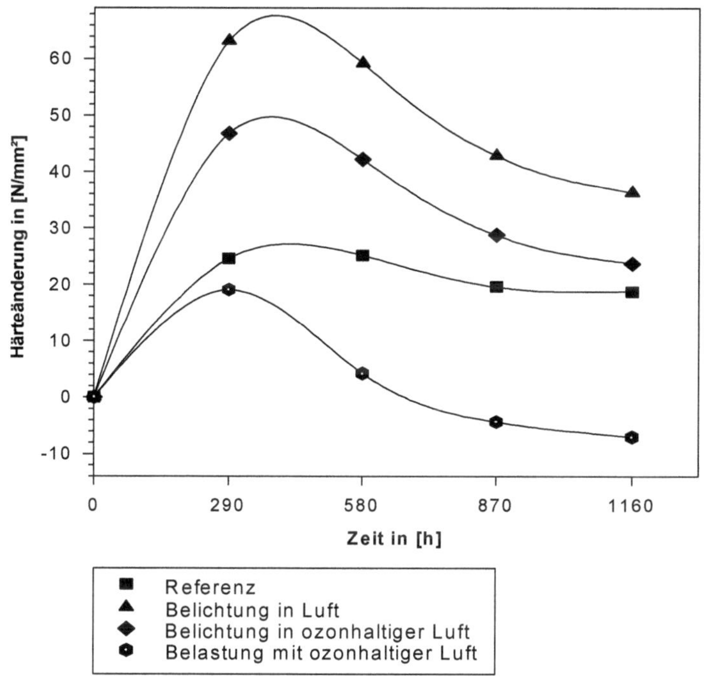

Abbildung 21 Mikrohärteänderung bewitterter lufttrocknender Alkydharzfilme bei 4,39 ± 0,10 µm Eindringtiefe

3.7.3 Glanz und Glanzschleier

Die Änderungen im Glanz und im Glanzschleier der Alkydharzfilme wurden über den Zeitraum der Bewitterung verfolgt und sind in Abbildung 22 und 23 dargestellt.

Nach 1160 Stunden Temperatur- und Feuchtebelastung zeigt die Referenzprobe einen Glanzverlust. Sowohl Entfernen retardierten Lösemittels als auch Einlagerung von Wasser in den Film kann diese Glanzabnahme verursachen.

Alkydharzfilme, die in Luft oder ozonhaltiger Luft belichtet waren, zeigen nach den Meßergebnissen kein unterschiedliches Verhalten des Glanzes. Im Vergleich zum Glanzverlust der Referenz wird bei belichteten Filmen ein geringerer Glanzverlust beobachtet. Die Oberfläche der untersuchten Proben wird durch Licht nicht in dem Maße geschädigt, das sich in einem deutlichen Glanzverlust bemerkbar machen würde.

Mit ozonhaltiger Luft belastete Alkydharzfilme zeigen eine Glanzveränderung, die im Rahmen des Meßfehlers liegt.

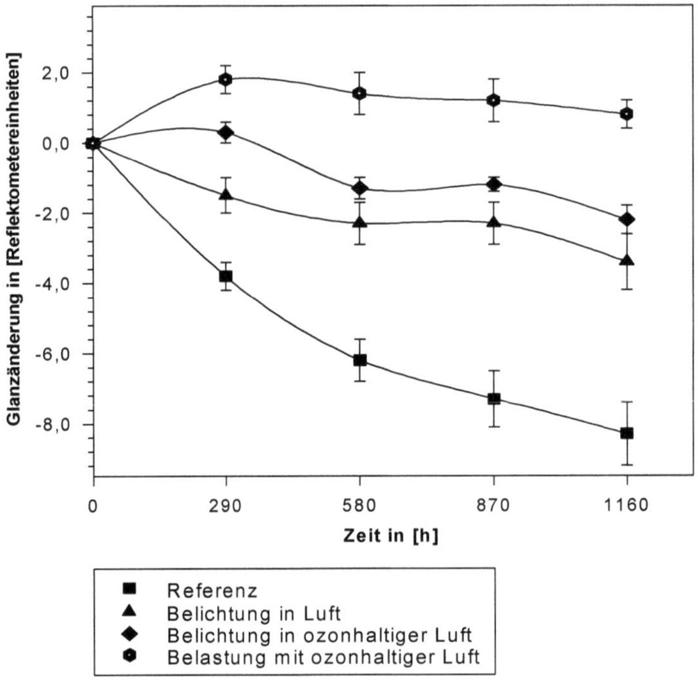

Abbildung 22 Glanzänderung bewitterter lufttrocknender Alkydharzfilme

Der Glanzschleier zeigt das reziproke Verhalten zu den Glanzmessungen (Abb. 23). Bei allen bewitterten Alkydharzfilme ist eine Zunahme des Glanzschleiers zu beobachten, die durch Veränderungen der Filmoberfläche verursacht wird.

Wie auch bei den Glanzmessungen zeigt der Glanzschleier der Referenzprobe die größte Zunahme. Oberflächenveränderungen, die sich infolge der Temperatur- und Feuchtebelastung bilden, müssen für diesen Anstieg verantwortlich sein.

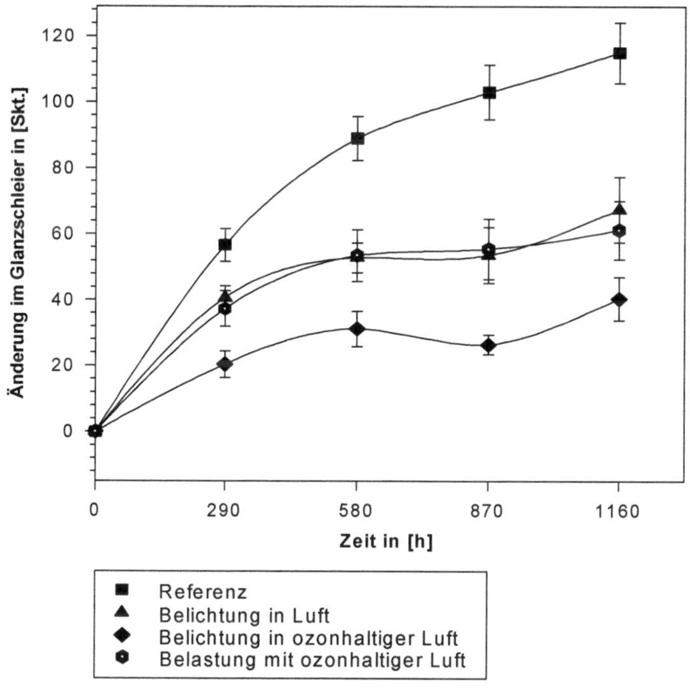

Abbildung 23 Glanzschleieränderung bewitterter lufttrocknender Alkydharzfilme

Belichtete Alkydharzfilme, die einen geringen Glanzverlust zeigen, lassen eine deutlicheZunahme im Glanzschleier erkennen. Oberflächenunebenheiten führen sowohl bei Belichtung in Luft wie auch in ozonhaltiger Luft zu einer Zunahme des Glanzschleiers. Wirkt ozonhaltige Luft in Gegenwart von Licht auf Alkydharzfilme, wird die Glanzschleierzunahme im Vergleich zu belichteten Filmen verringert. Belastung mit ozonhaltiger Luft ohne Licht läßt eine Glanzschleierzunahme erkennen, die mit der in Luft belichteterAlkydharzfilme übereinstimmt.

Nach den Glanzschleierwerten führt sowohl Licht wie auch ozonhaltige Luft ohne Licht zu einer Zunahme der Oberflächenunebenheiten bei den untersuchten Alkydharzfilmen. Eine geringere Schädigung der Filmoberfläche wird durch die Kombination beider schädigenden Einflüsse, der Belichtung in ozonhaltiger Luft, beobachtet.

3.7.4 Farbmessung

Änderungen im Farbort der bewitterten Alkydharzfilme sind in den Abbildung 24a und b dargestellt. Die Referenzprobe zeigt mit -1,52 (a*) und +12,6 (b*) eine grünstichig gelbe Farbe, die wesentlich durch die eingesetzten Sikkative (Co-, Pb-, Mn-Octoate) verursacht wird. Die Referenzprobe erfährt durch Temperatur- und Feuchtebelastung eine vom menschlichen Auge nicht erkennbare Farbverschiebung.

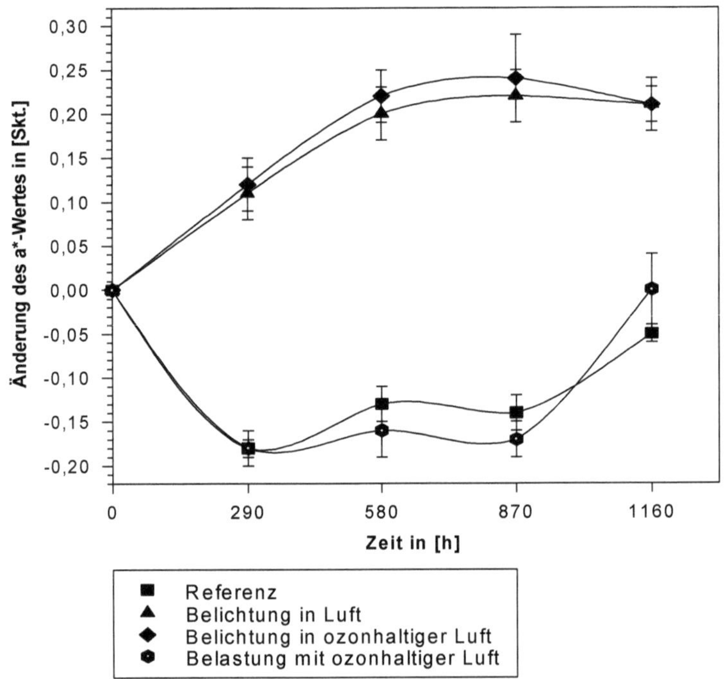

Abbildung 24a Änderung im Farbort (rot-grün-Achse) bewitterter lufttrocknender Alkydharzfilme

Alkydharzfilme, die mit ozonhaltiger Luft belastet waren, zeigen auf der rot-grün-Achse keine Farbveränderung im Vergleich zur Referenzprobe (Abb. 24a). Auf der gelb-blau-Achse läßt sich eine Farbverschiebung von gelb in Richtung Unbuntpunkt erkennen (Abb. 24b). Ein Zusammenhang dieser Farbänderung mit der Oxidation konjugierter Doppelbindungssysteme durch Ozon kann nicht ausgeschlossen werden.

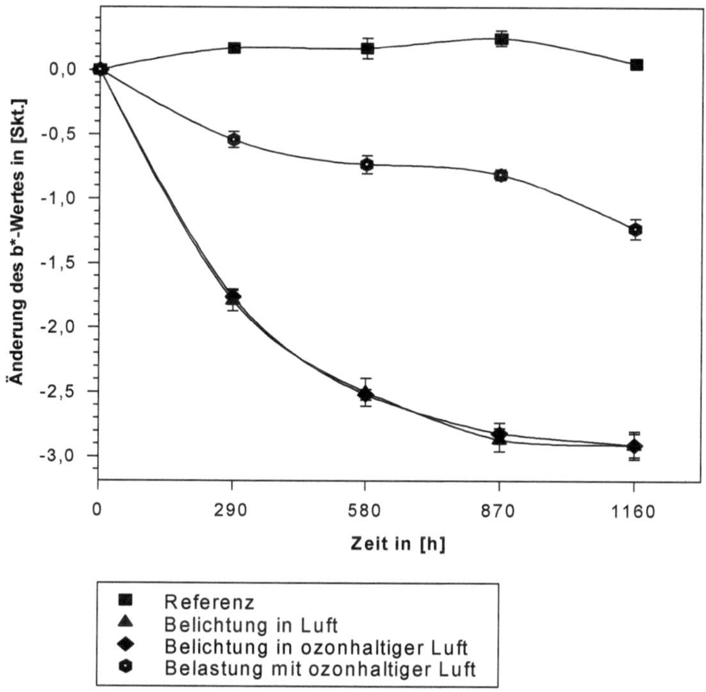

Abbildung 24b Änderung im Farbort (gelb-blau-Achse) bewitterter lufttrocknender Alkydharzfilme

Belichtete Alkydharzfilme zeigen eine Farbverschiebung in Richtung weniger grün (Abb. 24a) und weniger gelb (Abb. 24b) unabhängig davon, ob in Luft oder in ozonhaltiger Luft belichtet wird.

3.7.5 Glasübergangstemperatur

Tabelle 19 zeigt die Glasübergangstemperaturen aller bewitterten Alkydharzfilme nach 1160 Stunden.

Im Vergleich zur Referenzprobe wird bei allen bewitterten Alkydharzfilmen eine Abnahme der Glasübergangstemperatur beobachtet, die durch Spaltung vernetzter Alkydharzketten verursacht wird. Mit ozonhaltiger Luft belastete Filme erfahren eine etwas stärkere Abnahme als in

Luft oder ozonhaltiger Luft belichtete. Oxidation der ungesättigten Strukturen durch Ozon gefolgt von Kettenspaltungen könnten zu der stärkeren Senkung der Glasübergangstemperatur beitragen.

Tabelle 19 Glasübergangstemperatur bewitterter Alkydharzfilme nach 1160 Stunden

		Glasübergangstemperatur in [°C] nach		
	Referenz	Belichtung in Luft	Belichtung in ozonhaltiger Luft	Belastung mit ozonhaltiger Luft
1160 Stunden	48,0	45,5	45,0	41,0

3.7.6 Extraktionen

Nach Extraktion mit Tetrahydrofuran wurden die Gelanteile der 1160 Stunden bewitterten Alkydharzfilme bestimmt. Sie sind in Tabelle 20 dargestellt.

Tabelle 20 Gelanteil bewitterter Alkydharzfilme nach 1160 Stunden

		Anteil in [%] nach		
	Referenz	Belichtung in Luft	Belichtung in ozonhaltiger Luft	Belastung mit ozonhaltiger Luft
Gel	86,6	66,9	77,4	83,7
löslich	13,4	33,1	22,6	16,3
gesamt	100,0 (= 2,46 mg)	100,0 (= 1,60 mg)	100,0 (= 1,90 mg)	100,0 (= 3,19 mg)

Verglichen mit der Referenz zeigen Alkydharzfilme nach Bewitterung in verschiedenen Testatmosphären geringere Gelanteile, was auf Kettenspaltungen schließen läßt.

Bei belichteten Alkydharzfilmen verursacht der zusätzliche Einfluß von ozonhaltiger Luft eine geringere Abnahme der Gelanteile. Ozonhaltige Luft in Kombination mit Licht deutet demnach verminderte Kettenspaltung an.

Wirkt ozonhaltige Luft auf Alkydharzfilme ohne Licht, wird dagegen eine stärkere Abnahme des Gelanteils beobachtet als bei belichteten Proben. Nach diesen Messungen verursachtozonhaltige Luft einen stärkeren Abbau des Alkydharzes als Licht, der auch in Zusammenhang mit einer Ozonolyse gefolgt von Kettenspaltungen zu sehen ist.

3.7.7 Infrarotspektroskopische Untersuchungen

Alle Alkydharzfilme wurden nach 1160 Stunden Bewitterung in den verschiedenen Testatmosphären auf Veränderungen charakteristischer Banden untersucht. In Tabelle 21 ist eine Zuordnung einiger Banden und deren Änderung nach den Bewitterungen dargestellt. Die Infrarotspektren nach 1160 Stunden befinden sich in Abbildung 25.

Durch Spektrenvergleich vor und nach der Temperatur- und Feuchtebelastung sind bei den Alkydharzfilmen (Abb. 25a) keine Veränderungen in charakteristischen Banden zu beobachten. Änderungen der mechanischen und optischen Eigenschaften sind nicht auf Strukturveränderung in den Filmen, sondern nach den infrarotspektroskopischen Untersuchungen auf Entfernen retardierten Lösemittels zurückzuführen.

Photooxidative Abbauprodukte in Luft (Abb. 25b) und ozonhaltiger Luft (Abb. 25c) führen zu Veränderungen der Banden im O-H- und Carbonylschwingungsbereich, die unterschiedliche Produkte für Belichtung in Luft und ozonhaltiger Luft erkennen lassen.

Bei belichteten Alkydharzfilmen tritt eine zusätzliche Absorptionsbande im O-H-Streckschwingungsbereich auf, die zusammen mit der Bande bei 1700 cm^{-1} auf die Entstehung von Säuregruppen hinweist. Die Absorption bei 1716 cm^{-1}, die im Bereich der ungesättigten oder aromatischen Estercarbonylschwingungen liegt, kann bei belichteten Alkydharzfilmen nicht mehr zugeordnet werden. Durch Licht scheinen diese Struktureinheiten bevorzugt photooxidativ abgebaut zu werden, wohingegen aliphatische Estercarbonylschwingungen nur eine geringe Intensitätsabnahme erfahren. Neben Intensitätsveränderung und Bandenverschiebung wird eine Verbreiterung beobachtet. Durch photooxidative Prozesse werden carbonylgruppenhaltige Strukturen gebildet, die ein Hinweis für Anhydride (1800 - 1700 cm^{-1}) oder chinoide/ungesättigte carbonylhaltige Strukturen (1700 - 1600 cm^{-1}) sind. Ein weiteres Indiz für die Bildung von Anhydriden ist eine breite Absorptionsbande im Bereich von 1250 - 1140 cm^{-1}.

Werden Alkydharzfilme in ozonhaltiger Luft (Abb. 25c) belichtet wird keine zusätzliche Absorption im Bereich der O-H-Streckschwingungen beobachtet. Bei den in ozonhaltiger Luft belichteten Filmen werden keine Hydroxylgruppen gebildet, die auf die Bildung von Säurefunktionen schließen lassen. Dies bestätigt sich auch im Carbonylstreckschwingungsbereich. Die bei in Luft belichteten Filmen gefundene Bande bei 1700 cm^{-1} fehlt. Eine unsymmetrische Bandenverbreiterung im Carbonylstreckschwingungsbereich deutet auf die vermehrte Bildung chinoider bzw. ungesättigter Strukturen (1700 - 1600 cm^{-1}) hin. Die Verbreiterung nach höheren Wellenzahlen ist analog den belichteten Filmen zu sehen.

Tabelle 21 Zuordnung und Veränderungen charakteristischer Banden des lufttrocknenden Alkydharzes nach 1160 Stunden Belastung in verschiedenen Testatmosphären

Bandenlage in [cm^{-1}] und deren Zuordnung bei der Referenz		**Veränderungen charakteristischer Banden nach**		
		Belichtung in Luft	Belichtung in ozonhaltiger Luft	Belastung mit ozonhaltiger Luft
3600 - 3100	Streckschwingungen (O-H) 3500 cm^{-1}	+ 3200 cm^{-1}	+	3440 cm^{-1}
3100 - 3000	arom. Streckschwingung (C-H)	nicht erkennbar		
3000 - 2800	sym. und asym. Streckschwingung (CH_2/CH_3) 2932 cm^{-1} 2857 cm^{-1}	- --		
1800 - 1600	Streckschwingung (C=O) 1746 cm^{-1} 1716 cm^{-1}	Intensitätsabnahme unter Bandenverbreiterung 1741 cm^{-1} 1700 cm^{-1}	 1746 cm^{-1} --	 +
1600 - 1570	arom. Streckschwingung (C=C)	-[a]		
1480 - 1360	Deformationsschwingung (CH_3/CH_2) 1466 cm^{-1} 1378 cm^{-1}	- -		
1300 - 1000	asym. und sym. Streckschwingung (C-O) 1286 cm^{-1} 1246 cm^{-1} 1122 cm^{-1}	1296 cm^{-1} -- -- breite Bande 1250 - 1140 cm^{-1}		- +
980	Deformationsschwingung substituierter Olefine	überlagert durch breite Bande		
800 - 700	arom. Deformationsschwingungen	-		

a überlagert durch Streckschwingungen C=O   - Bande mit abnehmender Intensität
\+ Bande mit zunehmender Intensität   -- Bande nicht zuzuordnen

Belichtete und in ozonhaltiger Luft belichtete Alkydharzfilme zeigen Intensitätsabnahmen bei den Methyl- und Methylenschwingungen (3000 - 2800 cm^{-1}), was auf einen Abbau der Polyesterketten hinweist. Die aromatische Struktur der Phthalsäure zeigt bei belichteten Alkydharzfilmen eine Intensitätsabnahme, deren Erkennen jedoch durch Überlagerungen im Carbonylstreckschwingungsbereich erschwert wird. Ein Hinweis für den Abbau der Phthalsäurestrukturen ist das Verschwinden einer Bande bei 1122 cm^{-1}, die den Kohlenstoff-Sauerstoff-Streckschwingungen zugeordnet wird. Die im Referenzspektrum auftretende Bande bei 980 cm^{-1} wird von einer breiten Absorptionsbande überlagert und läßt daher keine Änderungen bezüglich ihrer Konzentration erkennen.

Werden Alkydharzfilme mit ozonhaltiger Luft ohne Licht belastet, zeigt das Infrarotspektrum, verglichen mit belichteten Filmen, geringe Veränderungen. Im O-H-Streckschwingungsbereich wird die Absorption intensitätsstärker und nach 3346 cm^{-1} verschoben. Ein Hinweis auf die Bildung von Hydroxyfunktionen. Im Carbonylstreckschwingungsbereich bleibt die Intensität aliphatischer Esterfunktionen (1746 cm^{-1}) unverändert, während bei ungesättigten bzw. aromatischen Estern (1716 cm^{-1}) eine intensive Bande ausgebildet wird. Diese Intensitätszunahme auf gebildete Ketone zurückzuführen, konnte nicht durch abnehmende Intensitäten beiMethyl- und Methylenschwingungen bestätigt werden.

Intensitätsveränderungen im Kohlenstoff-Sauerstoff-Streckschwingungsbereich zeigt, daß durch ozonhaltige Luft Oxidation in räumlicher Nähe zu Estergruppen erfolgt. Bandenüberlagerungen in diesem Absorptionsbereich machen eine eindeutige Zuordnung jedoch unmöglich. Die Bande bei 1122 cm^{-1} bleibt unverändert. Dies legt den Schluß nahe, daß eine Oxidation in α-Stellung zu den Phthalsäureestern in Gegenwart von ozonhaltiger Luft nicht stattfindet.

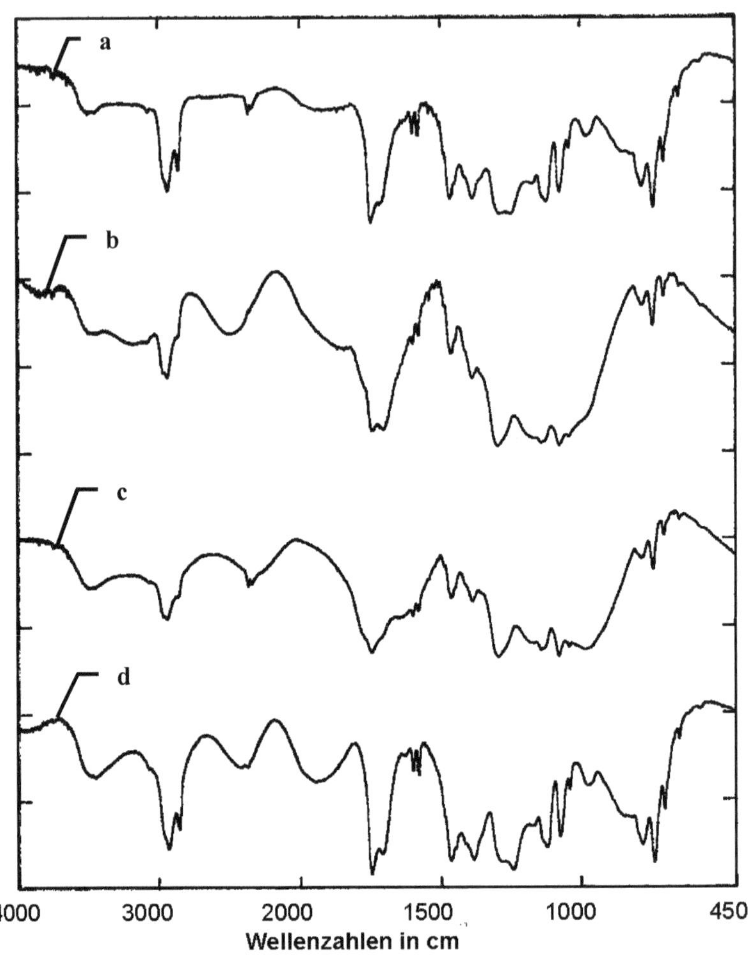

a Referenz
b lufttrocknendes Alkydharz belichtet in Luft
c lufttrocknendes Alkydharz belichtet in ozonhaltiger Luft
d lufttrocknendes Alkydharz belastet mit ozonhaltiger Luft

Abbildung 25 Infrarotspektren bewitterter lufttrocknender Alkydharzfilme nach 1160 Stunden

3.8 Abbau des melaminvernetzten Alkydharzes

Alle melaminvernetzten Alkydharzfilme zeigen nach 1160 Stunden Bewitterung in verschiedenen Testatmosphären signifikante Veränderungen. Die Differenzen zu den Meßwerten befinden sich in Anhang 5.

3.8.1 Gewicht

Abbildung 26 zeigt die Änderung der Filmgewichte unterschiedlich bewitterter melaminvernetzter Alkydharzfilme. Die Referenzprobe zeigt während der Lagerung in Reinluft eine Gewichtsabnahme, die durch Bildung flüchtiger Produkte erklärt werden kann.

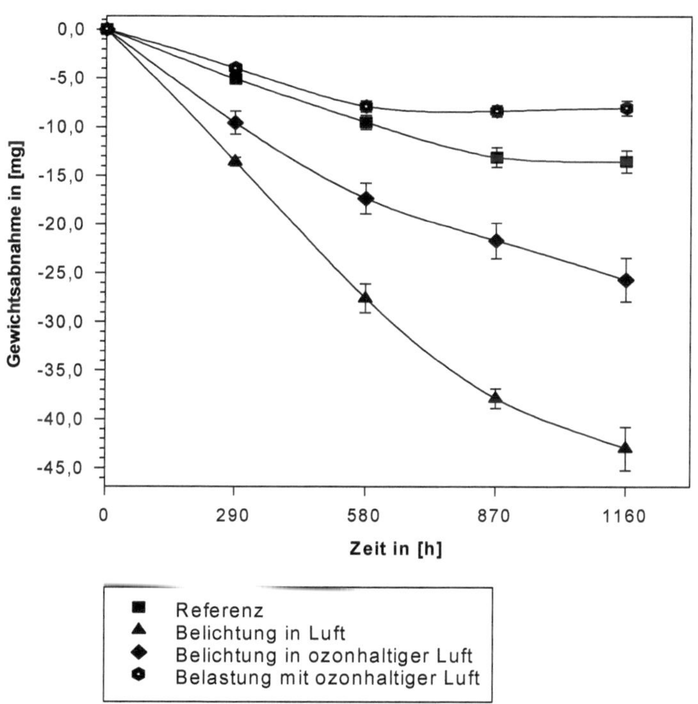

Abbildung 26 Gewichtsänderung bewitterter melaminvernetzter Alkydharzfilme

Belichtete Alkydharzfilme zeigen im Vergleich zur Referenz stärkere Gewichtsabnahmen. Ein höherer Anteil flüchtiger Spaltprodukte wird gebildet, der auch durch Kettenspaltungen erklärt werden kann. Belichtungen in ozonhaltiger Luft führen zu geringeren Gewichtsabnahmen als bei in Luft belichteten. Eine Verlangsamung der durch Licht induzierten Kettenspaltungen oder die vermehrte Bildung oxidierter Strukturen können die geringere Gewichtsabnahme erklären. Werden Filme mit ozonhaltiger Luft ohne Licht belastet, tritt nach 580 Stunden eine Gewichtszunahme auf, die auf vermehrte Bildung oxidierter Strukturen schließen läßt.

3.8.2 Härte

Die Härteänderung der Alkydharzfilme wurde mit der Pendel- und der Mikroeindringhärte (Abb. 27) über den Zeitraum der Bewitterung verfolgt. Die Änderungen der Pendelhärten (s. Anhang 5, Tab. 64) korrelieren gut mit denjenigen der Mikroeindringhärten und sind deshalb graphisch nicht dargestellt.

Die Feuchte- und Temperaturbelastung zeigt bei der Referenzprobe Auswirkungen auf die Mikroeindringhärte. Nach 580 Stunden wird eine geringe Abnahme der Eindringhärte beobachtet.

In Luft belichtete Alkydharzfilme erfahren eine starke Versprödung gegenüber der Referenz. Eine geringere Versprödung wird bei in ozonhaltiger Luft belichteten Alkydharzfilmen beobachtet. Wirkt ozonhaltige Luft auf melaminvernetzte Alkydharzfilme, erfolgt eine größere Abnahme der Mikroeindringhärte verglichen mit der Referenz. Kettenspaltungen sind wahrscheinlich für diese Abnahme verantwortlich.

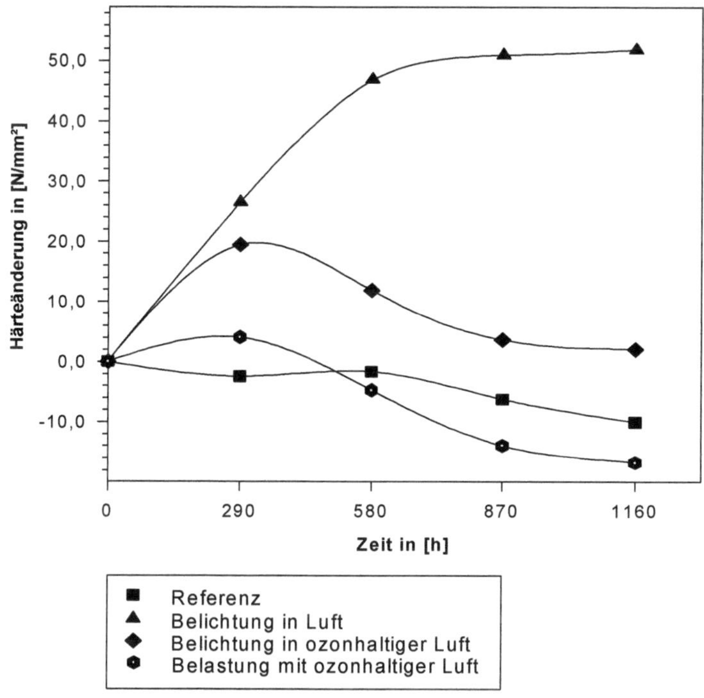

Abbildung 27 Mikrohärteänderung bewitterter melaminvernetzter Alkydharzfilme bei 4,14 ± 0,10 µm Eindringtiefe

3.8.3 Glanz und Glanzschleier

Die Änderungen im Glanz (Abb. 28) und Glanzschleier (Abb. 29) der melaminvernetzten Alkydharzfilme wurden über den Zeitraum der Bewitterung verfolgt.

Nach 1160 Stunden Temperatur- und Feuchtebelastung zeigt die Referenz keine Veränderung im Glanz (Abb. 28). Beim Glanzschleier (Abb. 29) deutet sich eine geringfügige Zunahme an, wenn berücksichtig wird, daß die Alkydharzfilme vor der Bewitterung einen großen Glanzschleier zeigten (s. Anhang 5).

Melaminvernetzte Alkydharzfilme, die in Luft oder ozonhaltiger Luft belichtet waren, zeigen einen Glanzverlust (Abb. 28), der nach dem Anstieg der Glanzschleierwerte auf einen Angriff der Filmoberfläche und Bildung von Oberflächenunebenheiten schließen läßt. Nach den Ergebnissen der Glanzmessung zeigen in Luft belichtete Filme ein unterschiedliches Verhalten im Glanz gegenüber in ozonhaltiger Luft belichteten (Abb. 28). Letztere weisen einen geringeren Glanzverlust als die in Luft belichteten Filme auf. Dieser Unterschied kann anhand der Glanzschleierwerte (Abb. 29) nicht beobachtet werden.

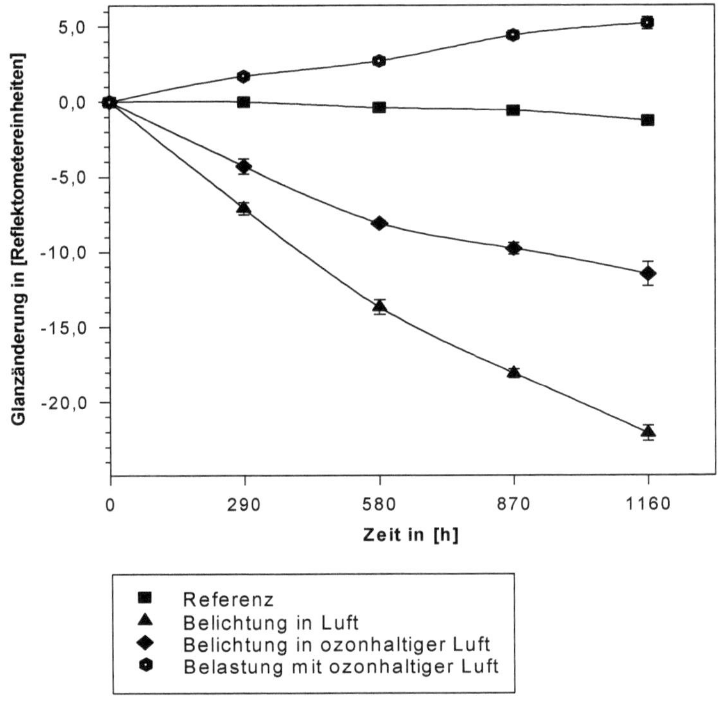

Abbildung 28 Glanzänderung bewitterter melaminvernetzter Alkydharzfilme

Werden melaminvernetzte Alkydharzfilme mit ozonhaltiger Luft ohne Licht belastet, zeigt sich nach den Glanzmessungen ein geringfügiger Anstieg im Glanz, der auf eine Glättung der Filmoberfläche hindeuten könnte, sich jedoch in den Glanzschleierwerten nicht eindeutig bestätigen läßt. Grund hierfür ist die Tatsache, daß die Änderung im Laufe der Bewitterung innerhalb der Schwankungsbreite der Meßwerte liegt (s. Anhang 5).

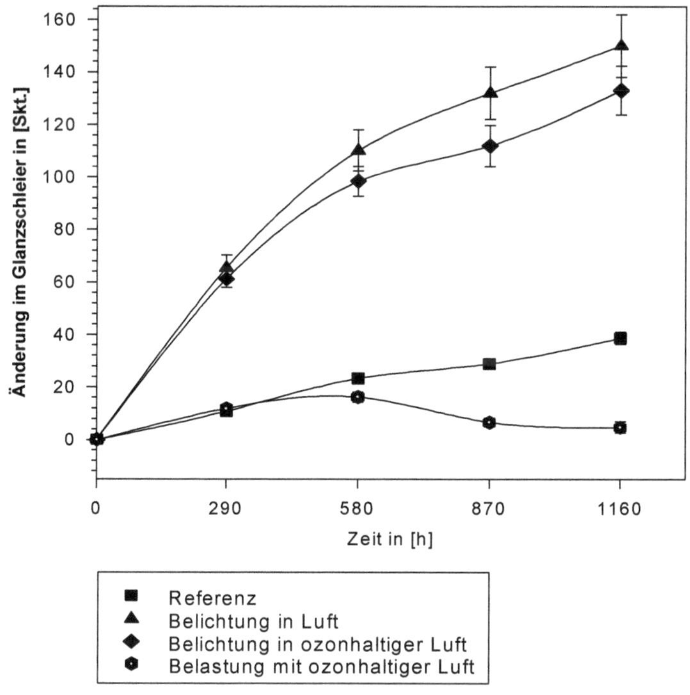

Abbildung 29 Glanzschleieränderung bewitterter melaminvernetzter Alkydharzfilme

3.8.4 Farbmessung

Änderungen im Farbort der bewitterten melaminvernetzten Alkydharzfilme sind in den Abbildungen 30a und b dargestellt. Die Referenzprobe zeigt mit -0,5 einen Grün (a*)- und mit +0,3 einen Gelbstich (b*).

Ein Einfluß der Temperatur- und Feuchtebelastung auf die Veränderung des Farbortes ist bei den melaminvernetzten Alkydharzfilmen nach den Meßergebnissen nicht feststellbar. Ozonhaltige Luft hat keine beobachtbaren Veränderungen des Farbortes zur Folge.

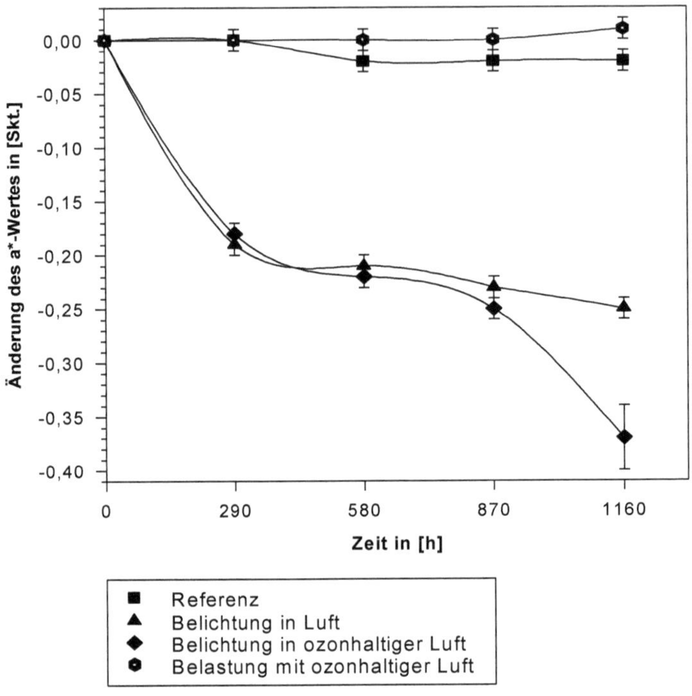

Abbildung 30a Änderung im Farbort (rot-grün-Achse) bewitterter melaminvernetzter Alkydharzfilme

Bei belichteten Filmen wird eine Veränderung des Farbortes beobachtet. Eine Vergilbung, die sich in einer Zunahme des b*-Wertes zeigt (Abb. 30b), geht einher mit einer Zunahme des Grünstichs (Abnahme des a*-Wertes in Abb. 30a). Nach 870 Stunden Belichtung unterscheiden sich die belichteten Alkydharzfilme von den in ozonhaltiger Luft belichteten im Farbort durch verstärkte Farbverschiebung unter Ozoneinfluß.

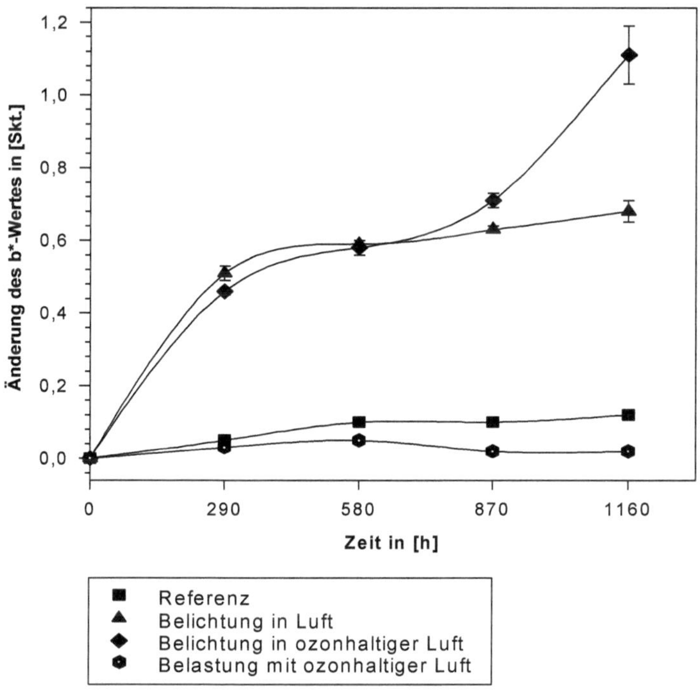

Abbildung 30b Änderung im Farbort (gelb-blau-Achse) bewitterter melaminvernetzter Alkydharzfilme

3.8.5 Glasübergangstemperatur

Tabelle 22 zeigt die Glasübergangstemperaturen aller bewitterten melaminvernetzten Alkydharzfilme nach 1160 Stunden.

Im Vergleich zur Referenzprobe wird bei den belichteten Filmen ein Anstieg der Glasübergangstemperatur beobachtet. Am Ende der Bewitterung liegen die Glasübergangstemperaturen deutlich über der Bewitterungstemperatur von 40 °C. Bildung zusätzlicher vernetzter oder weniger flexibler Strukturen können einen Anstieg der Glasübergangstemperaturen verursachen.

Tabelle 22 Glasübergangstemperatur bewitterter melaminvernetzter Alkydharzfilme nach 1160 Stunden

	Referenz	Glasübergangstemperatur in [°C] nach Belichtung in Luft	Belichtung in ozonhaltiger Luft	Belastung mit ozonhaltiger Luft
1160 Stunden	34,8	55,2	45,8	36,8

Der Einfluß ozonhaltiger Luft auf belichtete Alkydharzfilme äußert sich in einem geringeren Anstieg der Glasübergangstemperatur, die auf einen unterschiedlichen Abbau in ozonhaltiger Luft schließen läßt und in guter Übereinstimmung mit den geringeren Gewichts- und Glanzverlusten und den weniger spröden Filmen steht.

Melaminvernetzte Alkydharzfilme, die mit ozonhaltiger Luft belastet waren, zeigen am Ende der Belastung verglichen mit belichteten Filmen einen geringen Anstieg der Glasübergangstemperatur, der auf die Bildung oxidierter Struktureinheiten zurückgeführt werden könnte.

3.8.6 Extraktionen

Nach Extraktion mit Tetrahydrofuran wurden die Gelanteile der 1160 Stunden bewitterten melaminvernetzten Alkydharzfilme bestimmt. Sie sind in Tabelle 23 dargestellt.

Bei allen Filmen führt die Bewitterung in den verschiedenen Testatmosphären zu einer Abnahme des Gelanteils, die auf Spaltungen von Polymerketten schließen läßt. Durch ozonhaltige Luft werden melaminvernetzte Alkydharze stärker gespalten als unter Belichtung. Der Vergleich belichteter Filme in Luft und ozonhaltiger Luft zeigt dagegen, daß in Gegenwart von Licht das Schadgas Ozon zu einem geringeren Anteil an löslichen Polymeren führt.

Tabelle 23 Gelanteil bewitterter melaminvernetzter Alkydharzfilme nach 1160 Stunden

	Referenz	Anteil in [%] nach Belichtung in Luft	Belichtung in ozonhaltiger Luft	Belastung mit ozonhaltiger Luft
Gel	93,0	78,9	86,3	30,8
löslich	7,0	21,1	13,7	69,2
gesamt	100,0 (= 1,42 mg)	100,0 (= 0,95 mg)	100,0 (= 1,02 mg)	100,0 (= 1,30 mg)

3.8.7 Infrarotspektroskopische Untersuchungen

Alle melaminvernetzten Alkydharzfilme wurden nach 1160 Stunden Bewitterung in den verschiedenen Testatmosphären auf Veränderungen charakteristischer Banden untersucht. In Tabelle 24 ist eine Zuordnung einiger Banden und deren Änderung nach den Bewitterungen dargestellt. Die Infrarotspektren nach 1160 Stunden befinden sich in Abbildung 31.

Durch Spektrenvergleich vor und nach der Temperatur- und Feuchtebelastung über 1160 Stunden sind bei den melaminvernetzten Alkydharzfilmen (Abb. 31a) keine Veränderungen charakteristischer Banden der Alkydharze zu beobachten. Zwischen 1680 - 1620 cm^{-1} findet eine Zunahme der Absorption statt. Hydrolytische Spaltung der Melamin-Alkydharzvernetzung, ausgelöst durch Feuchte, können zu dieser Veränderung im Infrarotspektrum beitragen.

Die Infrarotspektren belichteter melaminvernetzter Alkydharzfilme (Abb. 31b, 31c) unterscheiden sich lediglich im Absorptionsgebiet der N-H-/O-H-Streckschwingungen deutlich. Der Einfluß ozonhaltiger Luft führt zu einer verstärkten Bildung oxidierter Spezies (3600 - 3000 cm^{-1}). Ob diese Absorption auf gebildete Hydroxygruppen oder lediglich durch eine verstärkte Oxidation in α-Stellung zu Amingruppen verursacht wird, kann nicht eindeutig geklärt werden. Daß diese Bandenform in Zusammenhang mit dem Einfluß von Ozon gesehen werden muß, beweist das Infrarotspektrum nach einer Belastung mit ozonhaltiger Luft ohne Licht (Abb. 31d). Die Spektren 31c und d weisen zwischen 3600 - 3000 cm^{-1} ein kaum zu unterscheidendes Absorptionsverhalten auf.

Bei belichteten Filmen (Abb. 31b, 31c) bleiben am Ende der Bewitterung die Strukturen der Alkydharze erkennbar. Eine deutliche Intensitätsabnahme ist bei den C-H-Streck- (3000 - 2800 cm^{-1}) und Deformationsschwingungen (1480 - 1360 cm^{-1}) zu beobachten. Dies weist auf einen Kettenabbau, aber auch auf die Bildung oxidierter Strukturen hin. Lage und Intensität der Estercarbonylstreckschwingung bei 1742 cm^{-1} bleiben unverändert. Diese Bande wird jedoch sowohl nach größeren wie auch nach kleineren Wellenzahlen verbreitert. In Gegenwart von Licht werden die vorhandenen aliphatischen Esterstrukturen nicht angegriffen, neue carbonylgruppenhaltige Spezies werden gebildet. Ein Abbau der Phthalsäure ist an den Intensitätsabnahmen zwischen 800 - 700 cm^{-1} zu beobachten. Ob Licht das aromatische Gerüst oxidativ zerstört, kann aufgrund von Bandenüberlagerungen im Bereich 1600 - 1580 cm^{-1} nicht abgeleitet werden. Die Intensitätsabnahme bei 1120 cm^{-1}, die Streckschwingungen aromatischer Ester zugeordnet wird, zeigt, daß Licht bevorzugt diese Esterstrukturen angreift, wohingegen aliphatische in ihrer Intensität unverändert bleiben. Auch die Maximumsverschiebung der Ab-

Tabelle 24 Zuordnung und Veränderungen charakteristischer Banden des melaminvernetzten Alkydharzes nach 1160 Stunden Belastung in verschiedenen Testatmosphären

Bandenlage in [cm^{-1}] und deren Zuordnung bei der Referenz		Veränderungen charakteristischer Banden nach		
		Belichtung in Luft	Belichtung in ozonhaltiger Luft	Belastung mit ozonhaltiger Luft
3600 - 3100	Streckschwingungen (O-H) 3500 cm^{-1} (N-H) 3374 cm^{-1}	Bandenverbreiterung unter Intensitätszunahme - 3349 cm^{-1}		
3100 - 3000	arom. Streckschwingung (C-H)	nicht erkennbar[a]		
3000 - 2800	sym. und asym. Streck-schwingung (CH_2/CH_3)	-		-
1800 - 1700	Streckschwingungen (C=O) 1742cm^{-1}	Verbreiterung		
1700 - 1600	Deformationsschwingungen (N-H) [b]	+		+
1600 - 1570	arom. Streckschwingung (C=C)	-		
1560 - 1555	Kombinationsschwingung (C-N/N-H) 1555 cm^{-1}	überlagert durch breite Absorptionsbande		-
1480 - 1360	Deformationsschwingung (CH_3/CH_2)	-		-
1300 - 1000	asym. und sym. Streck-schwingung (C-O) aliphatisch 1277 cm^{-1} aromatisch 1120 cm^{-1} 1071 cm^{-1}	1261 cm^{-1} 1138 cm^{-1} -	1256 cm^{-1}	- 1140 cm^{-1} -
816	Triazinring	-		-
800 - 700	arom. Deformations-schwingungen	-		

a überlagert durch O-H/N-H-Schwingung
b Bande entsteht bei Temperatur-/Feuchtelagerung

\+ Bande mit zunehmender Intensität
\- Bande mit abnehmender Intensität

sorptionsbande bei 1277 cm^{-1} nach 1261 cm^{-1} ist ein Hinweis auf den Abbau und die Neubildung von Kohlenstoff-Sauerstoffbindungen. Da die Banden aliphatischer und aromatischer Schwingungen in diesem Bereich überlagert sind, ist eine eindeutige Zuordnung nicht möglich.

Deutlich verändert werden in Gegenwart von Licht die Strukturen des Melaminharzes, erkennbar an der Intensitätsabnahme bei 816 cm^{-1} und der zunehmenden Absorption in den Gebieten 1680 - 1620 cm^{-1} und 1560 - 1555 cm^{-1}. Die beobachtete Intensitätsabnahme bei 816 cm^{-1} deutet eine durch Licht induzierte Spaltung des Triazinrings an (s. 2.5.11.2). Gleichzeitig wird die für Amine typische Oxidation in α-Stellung zur NH-Funktion (1700 - 1600 cm^{-1}) beobachtet.

Werden melaminvernetzte Alkydharze mit ozonhaltiger Luft ohne Licht (Abb. 31d) belastet, sind im Vergleich zum Referenzspektrum (Abb. 31a) Veränderungen bei den Schwingungen der Alkyd- und Melaminharzkomponenten erkennbar. Im Bereich der OH-/NH-Streckschwingungen wird die oben diskutierte Bildung NH- bzw. OH-gruppenhaltiger Strukturen beobachtet. Da im Gegensatz zu belichteten Filmen keine Verbreiterung der lage- und intensitätskonstanten Estercarbonylstreckschwingungsbande gefunden wird, kann die Bildung von Säurefunktionen nicht für die Zunahme der OH-Streckschwingungen verantwortlich sein. Ein oxidativer Abbau des aromatischen Phthalsäuregerüstes durch ozonhaltige Luft wird anhand der intensitätsunveränderten Banden ausgeschlossen. Die Kohlenstoff-Sauerstoff-Bindungen der Phthalsäureester werden wie bei belichteten Filmen auch durch ozonhaltige Luft angegriffen, jedoch nicht so stark oxidativ abgebaut. Die Spektren belichteter Filme unterscheiden sich von den mit ozonhaltiger Luft belasteten im Absorptionsgebiet von 1300 - 1000 cm^{-1} lediglich in der Bande bei 1120 cm^{-1}. Im Falle der mit ozonhaltiger Luft belasteten Filme, ist diese Bande intensitätsschwächer, aber noch deutlich ausgeprägt, wobei bei belichteten Filmen die Intensitätsverschiebung nach 1138 cm^{-1} in den Vordergrund tritt.

Durch ozonhaltige Luft werden die Strukturen des Melaminharzes stärker oxidativ abgebaut als bei belichteten Filmen. Die Triazinbande bei 816 cm^{-1} ist im Spektrum lediglich als Schulter erkennbar. Im Absorptionsgebiet der Carbonylschwingungen von Amiden und der N-H-Deformationsschwingungen (1680 - 1500 cm^{-1}) ist eine deutliche Intensitätszunahme zu beobachten. In Gegenwart von ozonhaltiger Luft tritt verstärkt Oxidation in α-Stellung zu Amingruppen auf, die zu den erwähnten Veränderungen im Infrarotspektrum führen. In diesem Zusammenhang steht auch die Intensitätsabnahme der Methyl- bzw. Methylenschwingungen.

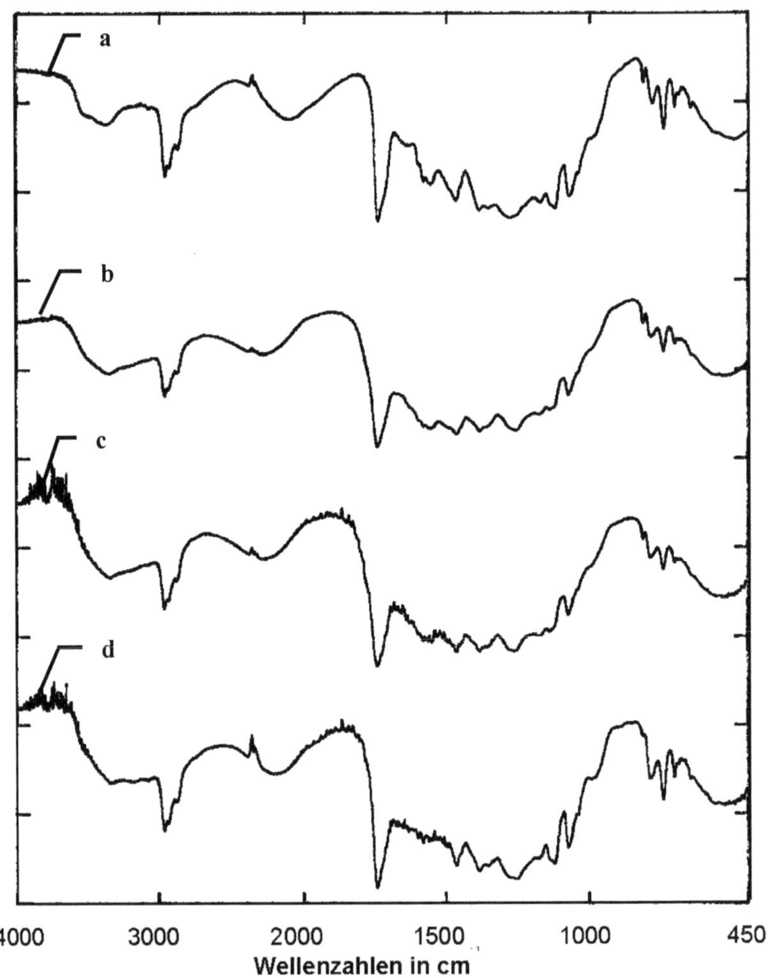

a Referenz
b melaminvernetztes Alkydharz belichtet in Luft
c melaminvernetztes Alkydharz belichtet in ozonhaltiger Luft
d melaminvernetztes Alkydharz belastet mit ozonhaltiger Luft

Abbildung 31 Infrarotspektren bewitterter melaminvernetzter Alkydharzfilme nach 1160 Stunden

4 Diskussion der Ergebnisse

4.1 Abbau von Polystyrol

4.1.1 Photooxidativer Abbau in Luft

Die Belichtung der Polystyrolfilme in Luft führt zu einem Anstieg des Gelanteils im Vergleich zur Lagerung von Proben in Reinluft (Tab. 4). Es bilden sich verzweigte bzw. vernetzte Polymere, die im Extraktionsmittel unlöslich sind und zu verstärkterGelbildung führen.

Der Einfluß von Licht verändert die trimodale Molekulargewichtsverteilungdes Polystyrols zu einer monomodalen (Abb. 4). Hoch- und niedermolekularer Anteil derPolystyrolketten werden abgebaut, während sich das Maximum nach längeren Retentionszeiten verschiebt (Tab. 5). Es treten Spaltungen der Polymerketten auf, die zu einer Abnahme im Molekulargewicht und damit zu einer Verschiebung derRetentionszeiten führen.

Infrarotspektroskopische Untersuchungen (Abb. 5b, Tab. 6) der belichteten Polystyrolfilme zeigen keinen nachweisbaren Angriff aromatischer Struktureinheiten. Eine breite Absorptionsbande im Bereich der O-H- und C-O-Schwingungen und Veränderungen im Bereich der Carbonylstreckschwingungen weisen auf die Bildung carbonyl- und carboxylhaltiger funktioneller Gruppen hin, die aufgrund von Bandenüberlagerungen jedoch nicht eindeutig zugeordnet werden können.

4.1.2 Photooxidativer Abbau in ozonhaltiger Luft

Bei der Belichtung in ozonhaltiger Luft (50 ppm Ozon in Luft) zeigt das Polystyrol kein deutlich verschiedenes Abbauverhalten im Vergleich zu in Luft belichteten Filmen.

Die Bestimmung des Gelanteils (Tab. 4) zeigt einen Anstieg, der im Rahmen des Meßfehlers mit dem bei in Luft belichteten Proben übereinstimmt. Analog zu letzteren sind verzweigte oder vernetzte Ketten für den beobachteten Anstieg des Gelanteils verantwortlich.

Die Molekulargewichtsbestimmung im löslichen Anteil läßt die trimodale Ausgangsverteilung erkennen (Abb. 4) im Gegensatz zu in Luft belichteten Filmen. An den Retentionszeiten der Maxima kann lediglich bei dem löslichen hochmolekularen Anteil eine Verschiebung zu längeren Elutionszeiten beobachtet werden. Die Lage der Maxima der niedermolekularen Anteile werden nicht beeinflußt (Tab. 5). Eine Verschiebung zu längeren Retentionszeiten bedeutet, daß neben Vernetzungen auch Kettenspaltungen auftreten.

Die Infrarotspektren der in ozonhaltiger Luft belichteten Polystyrolfilme (Abb. 5c, Tab. 6) zeigen kein deutlich verschiedenes Verhalten zu in Luft belichteten Filmen (s. 4.1.2). Die aromatischen Struktureinheiten werden durch den zusätzlichen Einfluß von ozonhaltiger Luft nicht beeinflußt. Analog der Belichtung in Luft treten breite Absorptionsbanden im Bereich der O-H- und C-O-Schwingungen auf. Erstere jedoch mit deutlich schwächerer Intensität. Die Verschiebung und Verbreiterung der Carbonylstreckschwingungsbande zeigt die bevorzugte Bildung von Carbonyl- gegenüber Carboxylgruppen durch den zusätzlichen Einfluß von Ozon auf belichtete Polystyrolfilme. Die Photooxidationsprodukte können aufgrund von Bandenüberlagerungen nicht eindeutig zugeordnet werden. Das Absorptionsmaximum der Carbonylstreckschwingungsbande liegt an der gleichen Stelle wie das von Polystyrolfilmen, die mit ozonhaltiger Luft belastet waren (s. 4.1.3).

4.1.3 Oxidativer Abbau in ozonhaltiger Luft

Bei der Belastung mit ozonhaltiger Luft (50 ppm Ozon in Luft) ohne Licht zeigen Polystyrolfilme ein anderes Abbauverhalten als belichtete Filme.

Ozonhaltige Luft führt bei Polystyrol zu einem Anstieg des Gelanteils verglichen mit in Reinluft gelagerten oder belichteten Filmen (Tab. 4). Molekulargewichtsveränderungen im löslichen Anteil sind anhand der Elutionschromatogramme (Abb. 4) und der Retentionszeiten der Maxima (Tab. 5) nicht zu beobachten. Der Einfluß von Ozon ohne Licht wirkt sich in zusätzlicher Verzweigung und Vernetzung der Polystyrolketten aus, die den Anstieg des Gelanteils verursachen. Kettenspaltungen lassen sich dagegen an dem im Vergleich zur Dunkelprobe unveränderten Elutionschromatogramm nicht beobachten. Es ist jedoch nicht auszuschließen, daß Vernetzungen und Spaltungen zu gleichen Anteilen nebeneinander vorliegen und daher an den Meßergebnissen nicht zu beobachten sind.

Belastung mit ozonhaltiger Luft zeigt bei Polystyrolfilmen (Abb. 5d, Tab. 6) im Vergleich zu in Reinluft gelagerten Proben keinen beobachtbaren Angriff der aromatischen Struktureinheiten. Im Carbonylstreckschwingungsbereich tritt eine Bande auf, die Carbonylgruppen, möglicherweise Ketonen, zugeordnet werden kann. Identisches Absorptionsverhalten im O-H- und C-O-Schwingungsbereich zur Referenz schließt jedoch die Bildung von detektierbaren Carboxylgruppen aus.

4.2 Abbau von Polymethylmethacrylat

4.2.1 Photooxidativer Abbau in Luft

Die Belichtung der Polymethylmethacrylatfilmein Luft führt verglichen mit den Reinluftproben zu einer Abnahme des Gelanteils (Tab. 7). Durch Spaltungen bilden sich kürzere Polymere, die im Extraktionsmittel löslich sind.

Die bimodale Molekulargewichtsverteilung vor derBewitterung bleibt in den Extrakten der belichteten Polymethylmethacrylatfilmeunverändert (Abb. 6). Die Maxima des Chromatogramms verschieben sich jedoch nach kürzerenRetentionszeiten (Tab. 8). Der photooxidative Abbau in Luft äußert sich in einer geringen Molekulargewichtszunahme im Extrakt, der in Zusammenhang mit der Abnahme desGelanteils unter Bildung löslicherPolymere mit höheren Molekulargewichten steht. In der Literatur sind für den photooxidativen Abbau von Polymethylmethacrylat ausschließlich Kettenspaltungen beschrieben. Ob die Bildung verzweigter Ketten die beobachtete Erhöhung der Molekulargewichte erklärt, muß bezweifelt, kann aber nicht vollständig ausgeschlossen werden.

Infrarotspektroskopische Untersuchungen (Abb. 7b, Tab. 9) zeigen, daß das untersuchte Polymethylmethacrylat photooxidativ nur unwesentlich abgebaut wird. Die Strukturen der Methacrylate sind nach der Belichtung in Luft ohne deutliche Intensitätsabnahme oder Verschiebung der charakteristischen Absorptionsbanden zu erkennen. Die Spaltung der Estergruppe trägt daher nur unwesentlich zum photooxidativen Abbau bei. Dieser wird eher in Zusammenhang mit ketonischen Verunreinigungen oder Restmonomeren gebracht, deren Absorptionsbanden bei belichteten Filmen intensitätsschwächer sind. Photooxidative Abbauprodukte der Polymethylmethacrylatfilme führen zu einer Intensitätszunahme im O-H- und Carbonylbereich. Die Bildung von Hydroxylgruppen und die Lage einer Carbonylstreckschwingungsbande läßt Säurefunktionen vermuten.

4.2.2 Photooxidativer Abbau in ozonhaltiger Luft

Bei der Belichtung in ozonhaltiger Luft (50 ppm Ozon in Luft) zeigen die untersuchten Polymethylmethacrylatfilme ein anderes Abbauverhalten als belichtete Filme.

Der photooxidative Abbau in ozonhaltiger Luft führt zu einem Anstieg des Gelanteils im Gegensatz zu belichteten Filmen, die eine Abnahme erfahren (Tab. 7). Der Einfluß von Ozon läßt Vernetzungsreaktionen gegenüber Kettenspaltungen in den Vordergrund treten.

Die Molekulargewichtsbestimmungim löslichen Anteil zeigt auch nach der Belichtung inozonhaltiger Luft die bimodale Verteilung (Abb. 6). Die Verschiebung der Elutionsmaxima nach kürzeren Retentionszeiten gegenüber der in Reinluft gelagerten Vergleichsprobe ist gleichbedeutend mit einer Molekulargewichtserhöhung. Der zusätzliche Einfluß von Ozon verschiebt das niedermolekulare Maximum deutlich zu kürzeren Retentionszeiten, während höhermolekulare Ketten das gleiche Elutionsverhalten wie bei lediglich belichteten Filmen zeigen.

Die Infrarotspektren der in ozonhaltiger Luft belichteten Polymethylmethacrylatfilme(Abb. 7c, Tab. 9) zeigen kein deutlich verschiedenes Absorptionsverhalten zu in Luft belichteten Filmen (s. 4.2.2). Intensitätsabnahmen oder Verschiebungen derMethylacrylatbanden sind nicht zu beobachten. Wie auch bei in Luft belichteten Filmen ist die Estergruppe gegenüber dem zusätzlichen Einfluß von Ozon stabil. Die Bande ketonischer Verunreinigungen oder Restmonomerer wird nach einer Belichtung in ozonhaltiger Luft in vergleichbarer Weise wie bei belichteten Filmen abgebaut, d. h. intensitätsschwächer. Hydroxyl- und carbonylhaltige Photooxidationsprodukte können anhand neu entstandener Banden identifiziert werden. Gegenüber in Luft belichteten Filmen wird das Maximum der Carbonylstreckschwingungsbande durch Ozon nach kleineren Wellenzahlen verschoben. Einestimmige Zuordnung dieser Spezies konnte nicht gefunden werden, da ungesättigte Strukturen in Gegenwart von Ozon unwahrscheinlich sind.

4.2.3 Oxidativer Abbau in ozonhaltiger Luft

Bei der Belastung mit ozonhaltiger Luft (50 ppm Ozon in Luft) zeigen Polymethylmethacrylatfilme ein anderes Abbauverhalten als belichtete Filme.

Ozonhaltige Luft führt bei Polymethylmethacrylatzu einer Abnahme des Gelanteils verglichen mit in Reinluft gelagerten Filmen (Tab. 7). Die bimodale Verteilung bleibt in ihrer Form erhalten (Abb. 6), wird aber nach kürzeren Elutionszeiten verschoben (Tab. 8), was auf höhermolekulare Polymerketten schließen läßt. Diese Molekulargewichtszunahme steht in Zusammenhang mit der Abnahme des Gelanteils, die Spaltung von Polymerketten andeutet. Parallel dürften lösliche verzweigte Ketten gebildet werden, die sich durch eine Verschiebung der Elutionszeiten des niedermolekularen Maximums andeuten.

Infrarotspektroskopisch sind die Strukturen der Methacrylate ohne Intensitätsänderung erkennbar. Der oxidative Abbau äußert sich an einer Intensitätszunahme im Carbonylschwingungsbereich, ohne daß Veränderungen der Hydroxylbanden zu beobachten waren (Abb. 7d, Tab. 9). Die Lage der Carbonylstreckschwingungsbande liegt im Absorptionsbereich von Ketonen.

4.3 Abbau des aminvernetzten Polyacrylates

4.3.1 Photooxidativer Abbau in Luft

Bei der Belichtung aminvernetzter Polyacrylatfilme tritt ein starker Gewichtsverlust auf, der auf flüchtige Produkte bei Kettenspaltungsreaktionen hinweist (Abb. 8). In Luft belichtete Filme verspröden nach den Ergebnissen der Pendel- und Mikroeindringhärte (Abb. 9a, b) und zeigen einen Anstieg der Glasübergangstemperatur (Tab. 10). Der Gelanteil belichteter Polyacrylatfilme war aufgrund der starken Vernetzung nicht mehr bestimmbar (Tab. 11). Verzweigungs- und Vernetzungsreaktionen erklären die Versprödung, den Anstieg der Glasübergangstemperatur und die starke Gelbildung. Belichtung in Luft wirkt sich nicht auf die optischen Eigenschaften der Filme aus. Glanz und Glanzschleier bleiben unverändert (Tab. 33, 34). Es wird keine vom menschlichen Auge beobachtbare und meßtechnisch zu erfassende Vergilbung der Filme beobachtet (Tab. 35). Die Oberfläche bleibt unbeschädigt und das Absorptionsverhalten im sichtbaren Spektralbereich ändert sich durch den photooxidativen Abbau in Luft nicht.

Infrarotspektroskopisch (Abb. 10b, Tab. 12) wird bei belichteten Filmen im Vergleich zu in Reinluft gelagerten eine starke Veränderung der amingruppenhaltigen Härterstrukturen gefunden, während die Acrylatstrukturen keine beobachtbare Intensitätsänderung erfahren. Analog dem photooxidativen Abbau des Polymethylmethacrylates trägt die Estergruppenspaltung in den Polyacrylatfilmen zum photooxidativen Abbau nur unwesentlich bei. Dieser wird vielmehr in Zusammenhang mit ketonischen Verunreinigungen oder Restmonomeren gebracht, deren Absorptionsbanden bei belichteten Filmen intensitätsschwächer sind. Photooxidative Abbauprodukte zeigen ein verändertes Absorptionsverhalten im Bereich der OH- bzw. NH-Streckschwingungen, der Carbonylgruppen und C-N/NH-Kombinationsschwingungen. Die Entstehung zweier breiter Absorptionsbanden zeigt die Bildung von Hydroxygruppen. In der Literatur[80] werden in photooxidativ abgebauten Polyacrylaten Säurefunktionen und Hydroxygruppen löslicher Alkohole, wie beispielsweise Butanol, nachgewiesen. Da jedoch die Lage einer neu entstandenen Carbonylschwingungsbande nicht eindeutig Säuregruppen zugeordnet werden kann und eine Esterspaltung anhand der intensitätsunveränderten Bande nicht beobachtet wird, ist keine eindeutige Zuordnung möglich. Erkennbar an einer Intensitätsabnahme der NH-Streckschwingungen werden Aminfunktionen zu Amiden oxidiert. Letztere führen zu verstärkter Absorption zwischen 1680 bis 1500 cm^{-1} unter Ausbildung einer Bande mit Maximum bei 1517 cm^{-1}.

4.3.2 Photooxidativer Abbau in ozonhaltiger Luft

Bei der Belichtung in ozonhaltiger Luft (50ppm Ozon in Luft) zeigen die aminvernetzten Polyacrylatfilme ein Abbauverhalten, das dem photooxidativen Abbau in Luft (4.3.1) sehr ähnlich ist.

Der photooxidative Abbau in ozonhaltiger Luft führt zu einem geringeren Gewichtsverlust als bei in Luft belichteten Filmen (Abb. 8). Auch hier bilden sich flüchtige Produkte in Folge von Kettenspaltungen, die die beobachtete Gewichtsabnahme erklären. Vermehrte Bildung oxidierter Struktureinheiten im Vergleich zur Belichtung in Luft könnte den geringeren Gewichtsverlust erklären. Pendel- und Mikroeindringhärte zeigen eine Versprödung (Abb. 9a, b) verglichen mit der in Reinluft gelagerten Vergleichsprobe. Am Ende der Bewitterung unterscheidet sich der Grad der Versprödung nach den beiden Bestimmungsmethoden. Die Pendelhärte zeigt weniger spröde Filme als die Mikroeindringhärte, was auch auf den Einfluß von weniger abgebauten tieferen Polymerschichten zurückgeführt wird. Der Anstieg der Glasübergangstemperatur (Tab. 10) und des Gelanteils (Tab. 11) ist bei der Belichtung in ozonhaltiger Luft geringer als bei in Luft belichteten Filmen. Verzweigungs- und Vernetzungsreaktionen erklären die Versprödung, den Anstieg der Glasübergangstemperatur und die Gelbildung. Belichtung in ozonhaltiger Luft wirkt sich nicht auf die optischen Eigenschaften der Filme aus. Die Oberfläche der aminvernetzten Polyacrylatfilme wird nicht geschädigt, da der Glanz und Glanzschleier unverändert bleiben (Tab. 33, 34). Photooxidative Abbauprodukte in ozonhaltiger Luft führen nicht zur Vergilbung der Filme (Tab. 35).

In ozonhaltiger Luft belichtete aminvernetzte Polyacrylatfilme (Abb. 10c, Tab. 12) zeigen erkennbare Unterschiede im Infrarotspektrum verglichen mit in Luft belichteten Filmen (s. 4.3.1). Der zusätzliche Einfluß ozonhaltiger Luft verändert die charakteristischen Absorptionsbanden der Acrylate geringfügig. Eine Spaltung der Estergruppe wird auch in Gegenwart von Ozon bei belichteten Filmen nicht beobachtet. Die Absorptionsbanden ketonischer Verunreinigungen oder Restmonomerer werden deutlich abgebaut. Sie sind lediglich als Schulter noch zu erkennen. Photooxidative Abbauprodukte führen zu einer in Richtung höherer Wellenzahlen verbreiterten Carbonylstreckschwingungsbande. Anhydride oder Oxofunktionen in Nachbarstellung zu Estergruppen absorbieren in diesem Bereich. Eine breite Absorptionsbande wird aufgrund ihrer Lage Hydroxylgruppen zugeordnet. Ob diese jedoch Schwingungen von Säurefunktionen sind, konnte nicht eindeutig nachgewiesen werden. Die amingruppenhaltigen Härterstrukturen werden stark abgebaut. Die Bandenlage und der Vergleich mit den Abbauprodukten bei in Luft belichteten Filmen legen eine Oxidation zu Amiden nahe.

4.3.3 Oxidativer Abbau in ozonhaltiger Luft

Bei der Belastung mit ozonhaltiger Luft (50 ppm Ozon in Luft) zeigen aminvernetzte Polyacrylatfilme ein anderes Abbauverhalten als belichtete Filme.

Der oxidative Abbau in ozonhaltiger Luft führt zu einem geringen Gewichtsverlust verglichen mit in Reinluft gelagerten Filmen (Abb. 8). Kettenspaltungen unter Bildung flüchtiger Produkte erklären die Gewichtsabnahme. Die Pendelhärte (Abb. 9a) zeigt eine Abnahme, wohingegen nach der Mikroeindringhärte (Abb. 9b) ein Verspröden der Acrylatfilme beobachtet wird. (s. 4.3.2). Die Glasübergangstemperatur nimmt lediglich geringfügig ab (Tab.10). Diese Abnahme weist auf Kettenspaltungen hin, die mit einer Abnahme des Gelanteils einhergehen (Tab. 11). Analog der Belichtung ändern sich auch bei Belastung mit ozonhaltiger Luft die optischen Eigenschaften - bestimmt durch Glanz, Glanzschleier und Farbort - der aminvernetzten Polyacrylatfilme nicht (Tab. 33 - 35).

Infrarotspektroskopisch (Abb. 10d, Tab. 12) werden durch Ozon ausgelöste oxidative Abbauprozesse an Veränderungen der charakteristischen Banden von Acrylaten und Aminhärter beobachtet. Die Strukturmerkmale der Acrylate sind lagekonstant. Schwingungen der Methyl- und Methylengruppen sind jedoch deutlich intensitätsschwächer, was auf geringere Konzentrationen dieser Spezies schließen läßt. DieEstercarbonylschwingung wird durch ozonhaltige Luft in ihrer Intensität etwas verringert. Möglicherweise sind Spaltungen der Estergruppe dafür verantwortlich. Carbonylgruppenhaltige Strukturen werden in ozonhaltiger Luft gebildet, die Anhydriden (1800 cm^{-1}) und Ketonen (1711 cm^{-1}) zugeordnet werden. Eine breite, intensitätsschwache Bande absorbiert im Bereich vonHydroxylgruppen (3250 cm^{-1}).

Die amingruppenhaltigenHärterstrukturen werden durch ozonhaltige Luft stark abgebaut. Die Bandenlage und der Vergleich mit den Abbauprodukten bei in Luft belichteten Filmen lassen eine Oxidation zu Amiden vermuten.

4.4 Abbau des aminvernetzten Epoxidharzes

4.4.1 Photooxidativer Abbau in Luft

Bei der Belichtung aminvernetzter Epoxidharzfilme ändern sich die Gewichte nicht (Tab. 36). Es werden nach den vorliegenden Ergebnissen keine flüchtigen Abbauprodukte gebildet. Die Härte der Polymerfilme ändert sich durch den Einfluß von Licht. Die Pendelhärte zeigt eine Abnahme (Abb. 11a) und unterscheidet sich damit grundsätzlich von der erhöhten Mikroeindringhärte (Abb. 11b). In oberflächennahen Bereichen werden Ketten bevorzugt gespalten. Weniger abgebaute tiefere Polymerschichten zeigen bei der Eindringhärte die beobachtete Versprödung. Daß Kettenspaltungen gegenüber Vernetzungsreaktionen dominieren, geht auch mit der Abnahme der Glasübergangstemperaturen (Tab. 13) und des Gelanteils (Tab. 14) einher und wird von Bellenger et al.[88] beschrieben (s. 2.5.9.3). Das optische Verhalten belichteter Epoxidharze ändert sich verglichen mit in Reinluft gelagerten Filmen. Der Glanzabfall belegt die Schädigung der Polymeroberfläche durch Licht (Abb. 12). Die große Streuung des Glanzschleiers läßt jedoch keine Aussagen über Veränderungen bei der Belichtung zu (Tab. 40). Photooxidative Abbauprodukte der Epoxidharzfilme äußern sich in einer Veränderung des Farbortes. Die Filme vergilben stark (Abb. 13b) und werdengrünstichiger (Abb. 13a).

Infrarotspektroskopisch (Abb. 14b, Tab. 15) wird bei belichteten Filmen im Vergleich zu in Reinluft gelagerten Änderung der charakteristischen Banden von Epoxidharz und Aminhärter beobachtet. Die aromatischen Strukturen der Bisphenol-A-Einheitkönnen in photooxidativ abgebauten Epoxidharzfilmen zugeordnet werden. Sie sind jedoch intensitätsschwächer oder gegenüber den Banden der Vergleichsprobe verschoben. Ein photooxidativer Abbau der Aromaten unter Zerstörung des aromatischen Gerüstes ist bei Zhang et al.[85] beschrieben und aufgrund der beobachteten Intensitätsabnahmen und Bandenverschiebungen wahrscheinlich. Der Abbau aliphatischer Ketten ist an den abnehmenden Intensitäten von Methyl- und Methylenschwingungen zu erkennen. Er steht in direktem Zusammenhang mit dem Entstehen zweier neuer, breiter Banden im Carbonylstreckschwingungsbereich, die aufgrund ihrer Lage Estern und Amiden zugeordnet werden. Entstehen können sie durch Oxidation von C-H-Bindungen in α-Stellung zu Amin- und Etherfunktionen. Im Bereich der C-O-Schwingungen bildet sich eine breite Bandenstruktur, die eine eindeutige Zuordnung der gebildeten oder abgebauten C-O-gruppenhaltigen Strukturen nicht erlaubt. Eine Zunahme und Verbreiterung der OH-Streckschwingungsbande deutet die Bildung neuerhydroxylgruppenhaltiger Strukturen an.

4.4.2 Photooxidativer Abbau in ozonhaltiger Luft

Aminvernetzte Epoxidharzfilme zeigen bei der Belichtung in ozonhaltiger Luft (50 ppm Ozon in Luft) ein Abbauverhalten, das demphotooxidativen Abbau in Luft (4.4.1) ähnlich ist.

Wie bei in Luft belichteten Filmen können flüchtige Abbauprodukte anhand der unveränderten Gewichte nicht in größeren Mengen gebildet werden (Tab. 36). Die Änderung der Härte ist grundsätzlich mit der Änderung bei in Luft belichteten Epoxidharzen vergleichbar. Der zusätzliche Einfluß von ozonhaltiger Luft wirkt sich auf die Versprödung bei der Mikroeindringhärte nicht aus (Abb. 11b). Im Dämpfungsverhalten (Abb. 11a) treten zu Beginn der Bewitterung Unterschiede zu belichteten Filmen auf. Die stärkere Abnahme der Pendelschwingungen, d.h. größere Dämpfung, weist auf eine stärkere Kettenspaltung in ozonhaltiger Luft hin. Diese Vermutung wird durch den kleineren Gelanteil im Vergleich zu belichteten Filmen bestätigt (Tab. 14), macht sich aber nicht in einer zusätzlichen Abnahme derGlasübergangstemperaturen bemerkbar (Tab. 13). Bis zum Ende der Bewitterung sind die Pendelhärten stark angestiegen und mit denjenigen in Luft belichteter Filme vergleichbar. Das optische Verhalten der Epoxidharze zeigt aufgrund der großen Streuung der Meßwerte keinen meßbaren zusätzlichen Glanzabfall im Vergleich zu in Luft belichteten Filmen (Abb. 12). Auf eine stärkere Schädigung der Polymeroberfläche kann nicht geschlossen werden. Auch der Glanzschleier läßt keine Veränderungen erkennen (Tab. 40). Photooxidative Abbauprodukte äußern sich in einer Veränderung des Farbortes, die von in Luft belichteten Proben nicht zu unterscheiden ist. Die Änderungen der optischen Eigenschaften werden durch den zusätzlichen Einfluß von ozonhaltiger Luft nicht beeinflußt.

Die Ähnlichkeit des photooxidativen Abbaus in Luft (s. 4.4.1) und ozonhaltiger Luft (Abb. 14c, Tab. 15) zeigt sich auch in den Infrarotspektren (Abb. 14b und c). Intensitätsabnahmen zeigen einen Abbau des aromatischen Gerüstes der Bisphenol-A-Komponenteund der aliphatischen Ketten. Photooxidative Abbauprodukte in ozonhaltiger Luft sind am Entstehen der gleichen Absorptionsbanden wie bei belichteten Filmen zu erkennen. Sie werden durch Oxidation von C-H-Bindungen in α-Stellung zu Amin- und Etherfunktionen gebildet. Im Bereich der C-O-Schwingungen bildet sich eine breite Bandenstruktur, die eine eindeutige Zuordnung der gebildeten oder abgebauten C-O-gruppenhaltigen Strukturen nicht erlaubt. Eine Verschiebung des Maximums bei 1255 cm^{-1} zu kleineren Wellenzahlen ist im Gegensatz zu in Luft belichteten Filmen erkennbar. In der Literatur[84] wird eine Absorptionsbande bei 1247 cm^{-1} Phenolen zugeordnet. Die Hydroxyl-Streckschwingungsbandeist verbreitert und deutet neue gebildete hydroxylgruppenhaltige Strukturen an.

4.4.3 Oxidativer Abbau in ozonhaltiger Luft

Bei der Belastung mit ozonhaltiger Luft (50 ppm Ozon in Luft) zeigen aminvernetzte Epoxidharzfilme ein anderes Abbauverhalten als belichtete Filme.

Der oxidative Abbau in ozonhaltiger Luft zeigt keine Gewichtsänderungen (Tab. 36). Analog den belichteten Epoxidharzfilmen werden flüchtige Abbauprodukte auch bei Belastung mit ozonhaltiger Luft nicht in größeren Mengen gebildet. Die Mikroeindringhärte (Abb. 11b) zeigt unter Ozoneinfluß keine Veränderung gegenüber den in Reinluft gelagerten Filmen. Das Dämpfungsverhalten zeigt dagegen an einer Abnahme der Pendelschwingungen, daß beim oxidativen Abbau in oberflächennahen Bereichen Kettenspaltungen stattfinden (Abb. 11a). Der Härteverlauf ist dem photooxidativen Abbau in ozonhaltiger Luft ähnlich (s. 4.4.2). Ozonhaltige Luft ohne Licht zeigt am Ende der Belastung einen deutlichen Anstieg der Pendelhärte, also eine Versprödung. Vernetzungsreaktionen und Kettenspaltungen kennzeichnen den oxidativen Abbau in ozonhaltiger Luft. Dies bestätigt sich auch in der geringeren Abnahme des Gelanteils gegenüber belichteten Epoxidharzfilmen (Tab. 14), wohingegen die Abnahme der Glasübergangstemperatur nicht von denjenigen belichteter Filme zu unterscheiden ist (Tab. 13). Eine Schädigung der Polymeroberfläche äußert sich in einem Glanzabfall (Abb. 12), der aufgrund der großen Streuung den Glanzschleier nicht verändert. Oxidative Abbauprodukte führen nicht zu einer Veränderung des Farbortes (Abb. 13a, b).

Der Einfluß ozonhaltiger Luft auf aminvernetzte Epoxidharzfilme (Abb. 14d, Tab 15) ist nach den infrarotspektroskopischen Untersuchungen im Vergleich zu belichteten Filmen (s. 4.4.1 und 2) gering. Die aromatischen Strukturen werden durch ozonhaltige Luft nicht angegriffen, wohingegen aliphatische Ketten oxidativ abgebaut werden. Abbauprodukte können an den Intensitätsabnahmen von OH-Schwingungen erkannt werden. Gleichzeitig entsteht eine breite Carbonylbande, die bei größeren Wellenzahlen als die der Ester liegt. Eine eindeutige Zuordnung der Schwingungsbande ist nicht möglich. Ketoester absorbieren in diesem Spektralbereich, die bei der Oxidation von Hydroxyl- oder Methylengruppen in Nachbarstellung zu Estern entstehen. Die Bildung von Amiden kann aufgrund fehlender Absorptionsbanden ausgeschlossen werden. Bei diesem aminvernetzten Epoxidharz werden in ozonhaltiger Luft keine Methylengruppen in α-Stellung zu Aminen oxidiert, wohingegen Nachbarstellungen zu Ethern oder Estern bevorzugt oxidiert werden.

4.5 Abbau des aliphatischen Polyesterurethansystems

4.5.1 Photooxidativer Abbau in Luft

Bei der Belichtung von Polyesterurethanfilmen in Luft nehmen die Filmgewichte zu (Abb. 15). Wie anhand von Infrarotspektren gezeigt werden konnte, wird diese Gewichtszunahme durch Oxidationsreaktionen verursacht (s.u.). Die Härte der Polymerfilme ändert sich durch den Einfluß von Licht. Die Pendelhärten zeigen keine Veränderungen gegenüber in Reinluft gelagerten Filmen (Tab. 44), wohingegen die gestiegene Mikroeindringhärte ein Verspröden der Polyesterurethanfilme andeutet (Abb. 16). Das mit der Mikroeindringhärte bestimmte Verspröden von belichteten Filmen wird auch auf den Einfluß der zu einem geringeren Anteil photooxidativ abgebauten tieferen Polymerschichten bei der Messung zurückgeführt. Die Ergebnisse der Pendelhärte zeigen, daß Licht keinen Einfluß auf das mechanische Verhalten aliphatischer Polyesterurethanfilme hat. Es wird angenommen, daß Kettenspaltungen und Vernetzungen in oberflächennahen Polymerschichten mit gleicher Wahrscheinlichkeit ablaufen. Diese Beobachtungen korrelieren gut mit den in der Literatur beschriebenen[92-94]. Photooxidativ abgebaute Filme zeigen eine Abnahme der Glasübergangstemperatur (Tab. 16), die durch Kettenspaltungen erklärt werden kann, sich aber nicht auf das Extraktionsverhalten durch Änderungen im Gelanteil auswirkt (Tab. 50). Die Oberfläche der Polymerfilme wird nicht in solchem Maß geschädigt, daß Änderungen im Glanz (Abb. 17) oder Glanzschleier (Tab. 47) festzustellen sind. Das Absorptionsverhalten im sichtbaren Spektralbereich zeigt photooxidativ abgebaute Strukturen, die zu einer Vergilbung (Abb. 18b) und einem stärkeren Grünstich (Abb. 18a) im Vergleich zu in Reinluft gelagerten Filmen führen.

Infrarotspektroskopisch werden durch Licht ausgelöste photooxidative Abbauprodukte der Filme (Abb. 19b, Tab. 18) an Veränderungen der charakteristischen Banden von Ester-, Ether- und Urethaneinheiten gefunden. Der Abbau aliphatischer Ketten ist im Spektrum an den abnehmenden Intensitäten von Methyl- und Methylenschwingungen zu erkennen. Banden der Phthal- und Maleinsäure können nicht mehr zugeordnet werden. Die Literatur[99, 100] beschreibt eine Beteiligung von Phthal- und Maleinsäure als chromophore Gruppen am photooxidativen Abbau der Polyester (2.5.11.2, Schema 22). Die symmetrische Verbreiterung der Carbonylstreckschwingungsbande deutet die Bildung von Carbonylgruppen an. Oxidation der α-Position in Ethern und Estern führen zu Spezies, die bis 1800 cm^{-1} absorbieren. Gleichzeitig entsteht eine breite verschmierte Bandenstruktur im Bereich der C-O-Schwingungen. Oxidation der α-Position in NH-Funktionen bewirkt eine Intensitätszunahme mit breitem Absorptionsgebiet bis 1500 cm^{-1}. Zusammen mit der Intensitätsabnahme der N-H und C-N-

Schwingungen wird die Bildung von Amiden und Imiden wahrscheinlich. Die Bildung dieser konjugierten oxidierten Strukturen in α-Stellung zu Ether-, Ester- und NH-Funktionen erklärt die Gewichtszunahme und die Vergilbung.

4.5.2 Photooxidativer Abbau in ozonhaltiger Luft

Aliphatische Polyesterurethanfilme zeigen bei Belichtung in ozonhaltiger Luft (50 ppm Ozon in Luft) ein Abbauverhalten, das sich lediglich im optischen Verhalten deutlich von dem der in Luft belichteten Filme (s. 4.5.1) unterscheidet.

Vermehrte Bildung oxidierter Strukturen kann an einer stärkeren Gewichtszunahme gegenüber in Luft belichteten Filmen nicht festgestellt werden (Abb. 15). Der zusätzliche Einfluß von ozonhaltiger Luft wirkt sich nach den Ergebnissen nicht auf das mechanische Verhalten - bestimmt durch Pendel- (Tab. 44) und Mikroeindringhärte (Abb. 16) - der photooxidativ abgebauten Filme aus. Die Glasübergangstemperaturen der Polyesterurethanfilme sind in ozonhaltiger Luft lediglich um 1,5 °C höher als bei in Luft belichteten (Tab. 16). In Gegenwart von Ozon werden bei belichteten Filmen Vernetzungen gegenüber Spaltungen der Polymerketten begünstigt, was sich in höheren Glasübergangstemperaturen äußert. Keine Auswirkungen hat dies jedoch auf die Gelanteile (Tab. 50). Im Gegensatz zu in Luft belichteten Filmen wird die Oberfläche beim photooxidativen Abbau in ozonhaltiger Luft in solchem Maße geschädigt, daß ein meßbarer Glanzverlust resultiert (Abb. 17). Eine entsprechende Zunahme des Glanzschleiers kann aufgrund der starken Streuung nicht beobachtet werden (Tab. 47). Das Absorptionsverhalten im sichtbaren Spektralbereich zeigt photooxidativ abgebaute Strukturen, die zu einer stärkeren Vergilbung (Abb. 18b) und einem stärkeren Grünstich (Abb. 18a) im Vergleich zu in Luft belichtetem Polyesterurethan führen. Ob dies auf die Bildung von oxidierten Strukturen zurückgeführt werden kann, die sich von denjenigen der in Luft belichteten Filmen unterscheiden, läßt sich infrarotspektroskopisch nicht bestätigen (Abb. 19c, Tab. 18), da deckungsgleiche Spektren bei in Luft und in ozonhaltiger Luft belichteten Filmen resultieren.

4.5.3 Oxidativer Abbau in ozonhaltiger Luft

Bei der Belastung mit ozonhaltiger Luft (50 ppm Ozon in Luft) ohne Licht zeigen Polyesterurethanfilme ein anderes Abbauverhalten als belichtete Filme (4.5.1 und 2).

Der oxidative Abbau in ozonhaltiger Luft führt zu einer geringeren Gewichtszunahme als bei belichteten Filmen (Abb. 15). Unter dem Einfluß ozonhaltiger Luft auf Polyesterurethane werden geringere Konzentrationen an oxidierten Strukturen gebildet als bei belichteten Filmen. Ozonhaltige Luft verändert die mechanischen Eigenschaften der Filme nicht. Weder Pendel- (Tab. 44) noch Mikroeindringhärte (Abb. 16) zeigen Abweichungen zu den Härten von in Reinluft gelagerten Filmen. Es wird vermutet, daß Kettenspaltungen und Vernetzungen in den oberflächennahen Polymerschichten in geringerem Maß und zu gleichen Anteilen ablaufen. Mit ozonhaltiger Luft belastete Filme weisen eine um lediglich 1,5 °C höhere Glasübergangstemperatur auf (Tab. 16), die auch durch Bildung oxidierter Strukturen erklärt werden kann. Diese Erhöhung wirkt sich jedoch nicht in einer Änderung des Gelanteils aus (Tab. 50). Ein Glanzabfall gegenüber in Reinluft gelagerten Filmen (Abb. 17) zeigt, daß ozonhaltige Luft die Polymeroberfläche schädigt. Das Ausmaß der Schädigung ist jedoch geringer als bei belichteten Filmen unter Ozoneinfluß. Oxidationsprodukte, die die Absorption im sichtbaren Bereich des Spektrums verändern, werden nicht beobachtet. Die Farborte unterscheiden sich nicht von in Reinluft gelagerten Filmen (Abb. 18a und b).

Infrarotspektroskopisch werden Polyesterurethanfilme durch ozonhaltige Luft ohne Licht nur schwach oxidativ abgebaut (Abb. 19d, Tab. 18). Die Änderungen des Absorptionsverhaltens im Vergleich zu in Reinluft gelagerten Filmen sind gering. Phthal- und kleine Mengen an Maleinsäurestrukturen werden in dieser Formulierung durch ozonhaltige Luft nicht oxidativ abgebaut, wohingegen die Intensitätsabnahme von Methyl- und Methylenschwingungen für einen Abbau aliphatischer Ketten spricht. Die gebildeten Absorptionen im Carbonylbereich deuten aufgrund ihrer Lage eine Oxidation in α-Stellung zu NH-Funktionen an. Da die für Ester charakteristischen Banden intensitätsunverändert bleiben, wird vermutet, daß durch Ozon bevorzugt die α-Position zu NH-Funktionen (Harnstoff, Urethan) oxidiert wird. Die oxidierten Produkte stehen in Einklang mit der Gewichtszunahme und dem Anstieg der Glasübergangstemperatur.

4.6 Abbau des trocknenden Alkydharzes

4.6.1 Photooxidativer Abbau in Luft

Bei der Belichtung der Alkydharzfilme nehmen die Gewichte stärker ab als bei in Reinluft gelagerten (Abb. 20). Kettenspaltungen unter Bildung flüchtiger Produkte erklären die Gewichtsabnahme. Das mechanische Verhalten ändert sich bei einer Belichtung in Luft. Nach den Pendel- und Mikroeindringhärten zeigen beide Messungen denselben Verlauf, jedoch graduelle Unterschiede am Ende der Bewitterung. Nach den Pendelhärten verspröden Alkydharzfilme zu Beginn der Belichtung stark. Am Ende resultieren niedrigere Härten im Vergleich zu in Reinluft gelagerten Filmen (Tab. 52). In den oberflächennahen Polymerschichten dominieren Vernetzungsreaktionen zu Beginn der Bewitterung, Kettenspaltungen nehmen später zu und bestimmen die Pendelhärte. Die Mikroeindringhärte (Abb. 21) zeigt bei gleichem Verlauf am Ende größere Härten als bei in Reinluft gelagerten Filmen. Dies wird auch auf den Einfluß der zu einem geringeren Anteil photooxidativ abgebauten tieferen Polymerschichten bei der Messung zurückgeführt. Die Abnahmen der Glasübergangstemperatur (Tab. 19) und des Gelanteils (Tab. 20) korrelieren gut mit der Pendelhärte und bestätigen, daß bevorzugt Ketten gespalten werden. Das optische Verhalten wird durch Licht wenig beeinflußt. Der Glanz erfährt eine geringere Abnahme (Abb. 22) und die reziproke Zunahme des Glanzschleiers (Abb. 22) ist weniger ausgeprägt als bei in Reinluft gelagerten Filmen. Ob der photooxidative Abbau sich in einer Glättung der Oberfläche auswirkt muß bezweifelt werden, da Abbauprodukte durch verändertes Absorptions- und Reflexionsverhalten auch den Glanz und seinen Schleier beeinflussen können. Eine Änderung des Farbortes auf der rot-grün-Achse (a*) von in Reinluft gelagerten Filmen - in Richtung zunehmend grünstichig - wird durch den Einfluß von Licht nach weniger grünstichig verschoben (Abb. 24a). Die stark gelb gefärbten Alkydharzfilme werden unbunter (Abb. 24b). Eine Oxidation konjugierter Strukturen könnte zu dieser Farbverschiebung beitragen, kann aber nicht eindeutig bewiesen werden.

Die Infrarotspektren (Abb. 25b, Tab. 21) zeigen ein verändertes Absorptionsverhalten gegenüber in Reinluft gelagerten Filmen. Aliphatische Ketten werden photooxidativ abgebaut, was sich in intensitätsschwächeren Methyl- und Methylenbanden äußert. Die Esterstreckschwingungsbande der Phthal- bzw. Maleinsäure (aromatisch bzw. ungesättigt) kann nicht mehr zugeordnet werden, wohingegen Banden gesättigter aliphatischer Ester lediglich geringe Änderungen erfahren. Ein weiterer Hinweis für den photooxidativen Abbau der Phthalsäure ist die fehlende Kohlenstoff-Sauerstoff-Streckschwingung (1122 cm^{-1}) und intensitätsschwächere aromatische Banden. In der Literatur[99, 100] wird Phthalsäure als Initiator des photooxidativen Abbaus von Polyestern diskutiert (s. 2.5.11.2). Neue Banden im OH- und Carbonylschwingungsbereich können neben anderen nicht zu identifizierenden Spezies Säurefunktionen zugeordnet werden. Die verbreiterte Carbonylbande ist Hinweis für Ketoester bzw. Anhydride (bis 1800 cm^{-1}) und chinoide Strukturen (bis 1600 cm^{-1}). Das Entstehen anhydridischer Strukturen wird auch durch eine zunehmende Absorption derC-O-Schwingungen (1250 - 1140 cm^{-1}) gestützt.

4.6.2 Photooxidativer Abbau in ozonhaltiger Luft

Bei der Belichtung in ozonhaltiger Luft (50 ppm Ozon in Luft) zeigen die Alkydharzfilme ein Abbauverhalten, das demphotooxidativen Abbau in Luft (4.6.1) sehr ähnlich ist.
Der Ozoneinfluß führt zu einem Gewichtsverlust, der in Analogie zu in Luft belichteten Filmen auf die Bildung flüchtiger Produkte bei Kettenspaltungen zurückgeführt wird (Abb. 20). Ein anfangs geringerer Gewichtsverlust könnte durch verstärkte Bildung oxidierter Strukturen erklärt werden, die dann abbaubeschleunigend wirken, erkennbar an der stärkeren Gewichtsabnahme am Ende der Bewitterung. Die Änderung des mechanischen Verhaltens ist dem belichteter Filme analog. Es resultieren Filme mit geringerer Härte nach der Pendeldämpfungs- (Tab. 52) und der Mikroeindringhärte (Abb. 21). Vermehrte Kettenspaltung im Vergleich zum Abbau in Luft wird vermutet, deutet sich auch in den stärkeren Gewichtsverlusten und der niedrigeren Glasübergangstemperatur (Tab. 19) an. Im Extraktionsverhalten, das höhere Gelanteile zeigt als bei Belichtung in Luft, wird dies jedoch nicht bestätigt (Tab. 20). Neben Kettenspaltungen könnten verzweigte oder vernetzte Polymere mit flexiblerer Konstitution den höheren Gelanteil, aber auch die geringere Härte als bei Belichtung in Luft erklären. Der Einfluß ozonhaltiger Luft wirkt sich nach Glanzmessungen nicht auf das optische Verhalten aus (Abb. 22). Der geringere Anstieg des Glanzschleiers (Abb. 23) in ozonhaltiger Luft deutet aber weniger geschädigte Oberflächen an. Das Absorptionsverhalten im sichtbaren Spektralbereich unterscheidet sich nicht von demphotooxidativ abgebauter Filme.

Anhand der Photooxidationsprodukte unterscheiden sich die Infrarotspektren bei Belichtung in ozonhaltiger Luft (Abb. 25c, Tab. 21) von in Luft belichteten. Keine zusätzliche Bande im OH-Streckschwingungsbereich wird beobachtet. Auch die für Säuren typische Absorption ist nicht ausgeprägt. Eine stark unsymmetrische nach kleineren Wellenzahlen verbreiterte Carbonylstreckschwingungsbande deutet die Bildung von Ketofunktionen und chinoiden Strukturen in ozonhaltiger Luft an. Verglichen mit in Luft belichteten Filmen kann keine stärkere Intensitätsabnahme der aromatischen Schwingungen gefunden werden. Eine geringere Konzentration von Methyl- und Methylenschwingungen könnte in Zusammenhang mit zusätzlich gebildeten

Ketogruppen stehen. In Analogie zum photooxidativen Abbau in Luft wird eine Verbreiterung der Carbonylbande zu größeren Wellenzahlen gefunden. Auch eine zunehmende Absorption im Bereich 1250 - 1140 cm^{-1} deutet auf Anhydridbildung hin.

4.6.3 Oxidativer Abbau in ozonhaltiger Luft

Bei der Belastung mit ozonhaltiger Luft (50 ppm Ozon in Luft) zeigen Alkydharzfilme ein zu belichteten Filmen unterschiedliches Abbauverhalten.

Der oxidative Abbau in ozonhaltiger Luft führt zu einer Gewichtszunahme, d.h. der Bildung oxidierter Strukturen, verglichen mit in Reinluft gelagerten Filmen (Abb. 20). Das mechanische Verhalten ändert sich durch den Einfluß ozonhaltiger Luft. Pendel- (Tab. 52) und Mikroeindringhärte (Abb. 21) zeigen geringere Härten im Vergleich zu in Reinluft gelagerten Filmen. Neben der Ozonolyse von Doppelbindungen erklärt die oxidative Kettenspaltung die Härteabnahme. Letztere wird auch durch eine niedrigere Glasübergangstemperatur (Tab. 19) und einen deutlich geringeren Gelanteil (Tab. 20) bestätigt. Das optische Verhalten ändert sich durch den Einfluß von ozonhaltiger Luft. Eine Schädigung der Oberfläche führt zu einer Zunahme des Glanzschleiers (Abb. 23), die sich jedoch nicht auf den Glanz auswirkt (Abb. 22). Oxidative Abbauprodukte verschieben den Farbort in Richtung weniger gelb (Abb. 24b), wohingegen auf der rot-grün-Achse im Vergleich zu in Reinluft gelagerten Filmen keine Veränderung beobachtet wird (Abb. 24a). Ozonolyse von Doppelbindungen könnte die Farbverschiebung erklären.

Der Einfluß ozonhaltiger Luft (Abb. 25d, Tab. 21) ist nach den infrarotspektroskopischen Untersuchungen im Vergleich zu belichteten Filmen (s. 4.6.1 und 2) gering. Die aromatischen Strukturen der Phthalsäure werden nicht angegriffen. Die Absorptionsbanden der Methyl- und Methylenschwingungen sind intensitätsunverändert. Oxidative Abbauprodukte führen zu Intensitätszunahme und Verschiebung der OH-Streckschwingungsbande, was auf die Bildung von Hydroxylgruppen hinweist. Im Carbonylbereich bleibt die Bande der Esterstreckschwingung unverändert. Eine Intensitätszunahme kann jedoch für eine bei 1716 cm^{-1} absorbierende Spezies beobachtet werden. Da aromatische und ungesättigte Ester ebenfalls in diesem Spektralbereich absorbieren, kann eine Abnahme dieser Spezies ebensowenig wie eine Zunahme von Ketofunktionen festgestellt werden. Intensitätsänderungen im Bereich der Kohlenstoff-Sauerstoff-Streckschwingungen zeigen, daß Strukturveränderungen in räumlicher Nähe zu Estergruppen erfolgen. Ein Zusammenhang mit der Spaltung ungesättigter Strukturen durch Ozon ist jedoch wahrscheinlich. Oxidation in α-Stellung zu Phthalsäureestern kann dagegen ausgeschlossen werden.

4.7 Abbau des melaminvernetzten Alkydharzes

4.7.1 Photooxidativer Abbau in Luft

Bei der Belichtung der melaminvernetzten Alkydharzfilme tritt ein starker Gewichtsverlust auf, der auf flüchtige Produkte, wie CO, CO_2 oder Formaldehyd, beim photooxidativen Abbau hinweist (Abb. 26). In Luft belichtete Filme verspröden nach den Ergebnissen der Pendel- und Mikroeindringhärte (Tab. 59, Abb. 27) und zeigen einen starken Anstieg der Glasübergangstemperatur (Tab. 22). Durch Licht werden Vernetzungsreaktionen ausgelöst, die zur Versprödung und zu höheren Glasübergangstemperaturen führen. Eine Abnahme des Gelanteils im Vergleich zu in Reinluft gelagerten Filmen (Tab. 23) zeigt, daß neben der Vernetzung auch Polymere gespalten werden. Das optische Verhalten belichteter Alkydharzfilme ändert sich, verglichen mit in Reinluft gelagerten Filmen. Ein Glanzabfall (Abb. 28) und der reziproke Anstieg des Glanzschleiers (Abb. 29) belegen, daß die Polymeroberfläche durch Licht geschädigt wird. Photooxidative Abbauprodukte äußern sich in einem veränderten Absorptionsverhalten im sichtbaren Bereich des Spektrums. Farbmetrisch wird eine Vergilbung (Abb. 30b) und ein zunehmender Grünstich (Abb. 30a) beobachtet.

Infrarotspektroskopisch werden bei belichteten Filmen (Abb. 31b, Tab. 24) im Vergleich zu in Reinluft gelagerten Änderungen der charakteristischen Banden von Alkyd- und Melaminharz beobachtet. Für die Melaminharzkomponente wird eine intensitätsschwächere Triazinbande in belichteten Filmen festgestellt, was einen durch Licht induzierten Abbau andeutet und in guter Übereinstimmung mit der Literatur[102] steht (s. 2.5.11.2). Gleichzeitig nimmt die Intensität von Banden zu, die Amiden zugeordnet werden. Oxidation von Methylengruppen in α-Stellung zu Aminfunktionen erklärt die neu entstandenen Absorptionsbanden gut und steht in Einklang mit einer Intensitätsabnahme der Methylenstreck- und Deformationsschwingungen. Die Banden der Alkydharze lassen keinen photooxidativen Abbau der Esterfunktionen erkennen. Wohingegen der Abbau aromatischer Ester (Phthalsäure) in Gegenwart von Licht auftritt und in der Literatur[99, 100] beschrieben ist (s. 2.5.11.2). In diesem Zusammenhang wird eine Verschiebung der Kohlenstoff-Sauerstoff-Streckschwingung nach kleineren Wellenzahlen beobachtet. Abbau der Phthalsäureester unter Bildung flüchtiger Spaltprodukte, vornehmlich CO und CO_2, kann damit infrarotspektroskopisch nachgewiesen werden. Die Bildung carbonyl- und hydroxylgruppenhaltiger Spezies deutet die symmetrisch verbreiterte Carbonyl- und eine intensitätsstärkere Hydroxylstreckschwingungsbande an. Bandenüberlagerungen machen jedoch eine eindeutige Zuordnung unmöglich.

4.7.2 Photooxidativer Abbau in ozonhaltiger Luft

Bei der Belichtung in ozonhaltiger Luft (50 ppm Ozon in Luft) zeigen die melaminvernetzten Alkydharzfilme ein Abbauverhalten, das dem photooxidativen Abbau in Luft (4.7.1) ähnlich ist.

Der photooxidative Abbau in ozonhaltiger Luft führt zu einem geringeren Gewichtsverlust als bei in Luft belichteten Filmen (Abb. 26). Auch hier bilden sich in Folge von Kettenspaltungen flüchtige Produkte, die die beobachtete Gewichtsabnahme erklären. Vermehrte Bildung oxidierter Struktureinheiten als bei Belichtung in Luft könnte den geringeren Gewichtsverlust erklären. In ozonhaltiger Luft belichtete Filme verspröden nach den Ergebnissen der Pendel- und Mikroeindringhärte geringer als in Luft belichtete (Tab. 59, Abb. 27) und zeigen einen geringeren Anstieg der Glasübergangstemperatur (Tab. 22). Beim photooxidativen Abbau in ozonhaltiger Luft gewinnen Kettenspaltungsreaktionen gegenüber der Vernetzung an Bedeutung. Diese Vermutung läßt sich jedoch nicht durch einen geringeren Gelanteil bestätigen (Tab. 23). Der Einfluß von Ozon wirkt sich nicht in einer stärkeren Schädigung der Filmoberfläche aus, was sich an einem geringeren Glanzverlust im Vergleich zu in Luft belichteten Alkydharzfilmen zeigt (Abb. 28). Die große Streuung des Glanzschleiers läßt kein unterschiedliches Verhalten gegenüber in Luft belichteten Filmen feststellen (Abb. 29). Photooxidative Abbauprodukte in ozonhaltiger Luft verändern das Absorptionsverhalten im sichtbaren Spektralbereich stärker als in Luft belichtete. Es wird eine stärkere Vergilbung (Abb. 30b) und ein stärkerer Grünstich (Abb. 30a) gefunden.

Die Ähnlichkeit des photooxidativen Abbaus in Luft (4.4.1) und ozonhaltiger Luft (Abb. 31c, Tab. 24) zeigt sich auch in den nahezu identischen Infrarotspektren. Lediglich im Hydroxylstreckschwingungsbereich wird die Absorption durch den Einfluß ozonhaltiger Luft verstärkt. Die deckungsgleichen Carbonylstreckschwingungsbanden lassen die Bildung von Hydroxylgruppen vermuten.

4.7.3 Oxidativer Abbau in ozonhaltiger Luft

Bei der Belastung mit ozonhaltiger Luft (50 ppm Ozon in Luft) ohne Licht zeigen melaminvernetzte Alkydharzfilme ein anderes Abbauverhalten als belichtete Filme (4.7.1 und 2).

Der oxidative Abbau in ozonhaltiger Luft führt zu einer geringeren Gewichtsabnahme verglichen mit in Reinluft gelagerten Filmen (Abb. 26). Die Bildung flüchtiger Produkte wird überlagert durch entstehende oxidierte Spezies. Eine Abnahme von Pendel- und Mikroeindringhärte zeigen, daß unter Ozoneinfluß das mechanische Verhalten der Filme von Kettenspaltungen bestimmt wird (Tab. 59, Abb. 27). Bestätigt wird dies auch durch eine starke Abnahme des Gelanteils verglichen mit in Reinluft gelagerten Filmen (Tab. 23). Die geringe Zunahme der Glasübergangstemperatur könnte neben Verzweigungs- und Vernetzungsreaktionen auch durch gebildete oxidierte Strukturen erklärt werden. Das optische Verhalten der melaminvernetzten Alkydharzfilme wird durch den Einfluß ozonhaltiger Luft beeinflußt. Eine geringe Glanzzunahme (Abb. 28) deutet eine Glättung der Polymeroberfläche an, kann aber aufgrund der großen Streuung des Glanzschleiers nicht bestätigt werden (Tab. 62). Oxidative Abbauprodukte verändern das Absorptionsverhalten im sichtbaren Spektralbereich nicht (Abb. 30a und b).

Infrarotspektroskopisch lassen sich oxidative Abbauprodukte in melaminvernetzten Alkydharzfilmen durch Veränderungen der charakteristischen Banden von Alkyd- und Melaminharz nachweisen (Abb. 31d, Tab. 24). Durch ozonhaltige Luft wird die Melaminkomponente stärker oxidative abgebaut als das Alkydharz. Eine Oxidation in α-Stellung zu Amingruppen zeigt sich an intensitätsstärkeren Absorptionen bei den für Amide charakteristischen Banden. Ozonhaltige Luft greift das aromatische Gerüst der Phthalsäure nicht an, baut dagegen den Triazinring, der lediglich als Schulter noch erkennbar ist, oxidativ ab. Oxidative Abbauprodukte verändern das Absorptionsverhalten der Hydroxyl- bzw. Amingruppen. Die Amidbildung erklärt eine verschobene Bande, deren Intensitätszunahme auf gebildete Hydroxyfunktionen zurückgeführt wird. Carboxylgruppen können ausgeschlossen werden, da keine veränderte Carbonylstreckschwingungsbande unter dem Einfluß ozonhaltiger Luft gebildet wird. Die Kohlenstoff-Sauerstoff-Bindung der Phthalsäureester wird durch ozonhaltige Luft oxidativ abgebaut.

4.8 Zusammenstellung der Ergebnisse

Testatmosphäre		**Eigenschaften**					
		Gewichtsänderung	**Härte**	**Glasübergangs-temperatur**	**Infrarotspektroskopie**	**Gelanteil**	**Gelpermeations-chromatographie**
Polystyrol							
Dunkel	**Luft (1) = Referenz**	n.b.	n.b.	n.b.	C=O tritt auf	0	0
	ozonhaltige Luft (2)	n.b.	n.b.	n.b.	C=O	++	keine Änderung
Licht	**Luft (3)**	n.b.	n.b.	n.b.	C=O, -OH, -COOH Aromaten stabil	+	Abbau d. hoch-/nieder-molekularen Anteils
	ozonhaltige Luft (4)	n.b.	n.b.	n.b.	C=O, -OH, -COOH	+	Abbau d. hoch-molekularen Anteils
Polymethylmethacrylat							
Dunkel	**Luft (1) = Referenz**	n.b.	n.b.	n.b.	C=O	0	0
	ozonhaltige Luft (2)	n.b.	n.b.	n.b.	C=O	-	Zunahme d. hoch-/nie-dermolekularen Anteils
Licht	**Luft (3)**	n.b.	n.b.	n.b.	C=O, -OH Ester stabil	--	Zunahme d. hoch-molekularen Anteils
	ozonhaltige Luft (4)	n.b.	n.b.	n.b.	C=O, -OH	+	Zunahme d. hoch-/nie-dermolekularen Anteils

n.b.	nicht bestimmt	**0**	keine Veränderung
+	Zunahme im Vergleich zur Referenz	-	Abnahme im Vergleich zur Referenz
++	stärkere Zunahme als bei der mit "+" gekennzeichneten Probe	--	stärkere Abnahme als bei der mit "-" gekennzeichneten Probe
+++	stärkere Zunahme als bei der mit "++" gekennzeichneten Probe	---	stärkere Abnahme als bei der mit "--" gekennzeichneten Probe

C=O Carbonylfunktionen -COOH Säurefunktionen -OH Hydroxyfunktionen

Testatmosphäre		Eigenschaften					
		Gewichts-änderung	Härte Pendelh./Mikroh.	Glasübergangs-temperatur	Infrarotspektroskopie	Gelanteil	Glanz
Aminvernetztes Polyacrylat							
Dunkel	**Luft (1) = Referenz**	0	0 / 0	0		0	0
	ozonhaltige Luft (2)	-	+ / -[a]	-	C=O, -OH -NH nimmt stark ab	--	0
Licht	**Luft (3)**	---	++	++	C=O, -OH -NH nimmt stark ab	+++	0
	ozonhaltige Luft (4)	--	++	+	C=O, -OH -NH nimmt stark ab	++	0
Aminvernetztes Epoxidharz							
Dunkel	**Luft (1) = Referenz**	0	0 / 0	0		0	0
	ozonhaltige Luft (2)	0	- / 0[b]	-	C=O breit CH benachbart zu O-Funktion vermindert	-	-
Licht	**Luft (3)**	0	-- / +[b]	-	C=O breit, -OH CH benachbart zu N-, O-Funktion vermindert	--	-- vergilben
	ozonhaltige Luft (4)	0	--- / +[b]	-	C=O breit CH benachbart zu N-, O-Funktion vermindert	---	-- vergilben

0 keine Veränderung

\+ Zunahme im Vergleich zur Referenz

++ stärkere Zunahme als bei der mit "+" gekennzeichneten Probe

+++ stärkere Zunahme als bei der mit "++" gekennzeichneten Probe

\- Abnahme im Vergleich zur Referenz

-- stärkere Abnahme als bei der mit "-" gekennzeichneten Probe

--- stärkere Abnahme als bei der mit "--" gekennzeichneten Probe

C=O Carbonylfunktionen

CH Alkylgruppen

-OH/-NH Hydroxy-/Aminfunktionen

O-, N- sauerstoff-, stickstoffhaltige funktionelle Gruppen

a graduelle Unterschiede abhängig von der Meßmethode

b signifikante Unterschiede abhängig von der Meßmethode

Testatmosphäre		Eigenschaften					
		Gewichts-änderung	Härte Pendelh./Mikroh.	Glasübergangs-temperatur	Infrarotspektroskopie	Gelanteil	Glanz
Aliphatisches Polyesterurethan							
Dunkel	**Luft (1) = Referenz**	0	0 / 0	0		0	0
	ozonhaltige Luft (2)	+	0 / 0	0	C=O CH und CH_2 abgebaut NH abgebaut	0	-
Licht	**Luft (3)**	++	0 / +[b]	-	C=O breit, -OH CH und CH_2 abgebaut NH abgebaut	0	0
	ozonhaltige Luft (4)	++ (wie 3)	0 / +[b]	-	wie 3	0	--

		0	keine Veränderung
+	Zunahme im Vergleich zur Referenz	-	Abnahme im Vergleich zur Referenz
++	stärkere Zunahme als bei der mit "+" gekennzeichneten Probe	--	stärkere Abnahme als bei der mit "-" gekennzeichneten Probe
+++	stärkere Zunahme als bei der mit "++" gekennzeichneten Probe	---	stärkere Abnahme als bei der mit "--" gekennzeichneten Probe

C=O Carbonylfunktionen CH, CH_2 Alkylgruppen -OH/-NH Hydroxy-/Aminfunktionen

b signifikante Unterschiede abhängig von der Meßmethode

Testatmosphäre		Eigenschaften					
		Gewichts-änderung	Härte Pendelh./Mikroh.	Glasübergangs-temperatur	Infrarotspektroskopie	Gelanteil	Glanz
Trocknendes Alkydharz							
Dunkel	**Luft (1) = Referenz**	-	+ / +	0		0	--
	ozonhaltige Luft (2)	+	-- / -[a]	--	C=O, -OH	-	0
Licht	**Luft (3)**	--	0 / +++[a]	-	C=O, -OH CH, CH_2 abgebaut	---	-
	ozonhaltige Luft (4)	---	- / ++[a]	-	C=O, -OH CH, CH_2 abgebaut	--	-
Melaminvernetztes Alkydharz							
Dunkel	**Luft (1) = Referenz**	-	0 / -	0		0	0
	ozonhaltige Luft (2)	+	-- / -	+	NH abgebaut CH, CH_2 abgebaut	---	+
Licht	**Luft (3)**	---	+ / ++	+++	NH abgebaut CH, CH_2 abgebaut C=O, -OH	--	-- vergilben
	ozonhaltige Luft (4)	--	- / ++	++	C=O, -OH	-	- vergilben

0 keine Veränderung

\+ Zunahme im Vergleich zur Referenz

++ stärkere Zunahme als bei der mit "+" gekennzeichneten Probe

+++ stärkere Zunahme als bei der mit "++" gekennzeichneten Probe

\- Abnahme im Vergleich zur Referenz

-- stärkere Abnahme als bei der mit "-" gekennzeichneten Probe

--- stärkere Abnahme als bei der mit "--" gekennzeichneten Probe

C=O Carbonylfunktionen

CH, CH_2 Alkylgruppen

-OH/-NH Hydroxy-/Aminfunktionen

a graduelle Unterschiede abhängig von der Meßmethode

5 Zusammenfassung

Der Einfluß ozonhaltiger Luft (50 ppm Ozon in Luft) auf den oxidativen und photooxidativen Abbau verschiedener Lackbindemittel wurde untersucht und mit dem Abbau in Reinluft (40 °C, 50 % rel. LF) verglichen. Ausgewählt wurden Polystyrol als aromatisches und Polymethylmethacrylat als aliphatisches Modellbindemittel. Die technisch eingesetzten Lackbindemittel waren ein aminvernetztes Polyacrylat- und Epoxidharzsystem, ein aliphatisches Polyesterurethan, ein trocknendes und ein melaminvernetztes Alkydharz.

Bestimmt wurde der Polymerabbau an Modellbindemittelfilmen durch Gelpermeationschromatographie, Gelanteilsbestimmung und Infrarotspektroskopie. Die technisch eingesetzten Lackbindemittelfilme wurden auf Veränderungen ihrer physikalischen, mechanischen und optischen Eigenschaften untersucht. Eingesetzt wurde die Gewichts- und Härtebestimmung, die Messung der Glasübergangstemperatur, des Glanzes, des Glanzschleiers und der Farbe.

Der Einfluß ozonhaltiger Luft auf Polystyrolfilme führt zu vernetzten Produkten, die sich in einer Zunahme des Gelanteils äußern. In Gegenwart von Licht werden zusätzlich Ketten gespalten. Photooxidationsprodukte mit Hydroxyl-, Carbonyl- und Carboxylfunktionen werden detektiert, die durch Oxidation an C-H-Gruppen der Hauptkette entstanden sind. Es läßt sich kein Angriff ozonhaltiger Luft auf die aromatischen Seitengruppen der untersuchten Polystyrolfilme feststellen.

Durch ozonhaltige Luft oxidativ abgebaute Polymethylmethacrylatfilme zeigen Kettenspaltungen, im Gegensatz zum photooxidativen Abbau unter Ozoneinfluß, der zu vernetzten Polymerketten führt. Infrarotspektroskopisch werden Abbauprodukte mit Hydroxyl- und Carbonylgruppen nachgewiesen. Die Methylesterfunktion wird in ozonhaltiger Luft weder oxidativ noch photooxidativ angegriffen.

Die aminvernetzten Polyacrylatfilme werden unter Einfluß ozonhaltiger Luft und Licht nur graduell unterschiedlich zu in Reinluft photooxidativ bewitterten Filmen abgebaut. Flüchtige Spaltprodukte und vernetzte Polymere werden gebildet, die zu einer Versprödung, zu einem Anstieg von Glasübergangstemperatur und Gelanteil führen. Unter Ozoneinfluß ohne Licht oxidativ abgebaute Filme zeigen dagegen eine Abnahme des Gelanteils und der Glasübergangstemperatur. Dies läßt auf Spaltung von Polymerketten schließen. Weder durch Licht, noch durch ozonhaltige Luft wird eine Schädigung der Filmoberfläche beobachtet. Der Aminhärter bestimmt den Abbau entscheidend. Abbauprodukte mit Amid-, Hydroxyl- und Carbonylgruppen werden detektiert.

Unter Lichteinfluß in Luft und ozonhaltiger Luft bewitterte aminvernetzte Epoxidharzfilme zeigen ein ähnliches Abbauverhalten. Es bilden sich keine flüchtigen Produkte. In oberflächennahen Polymerschichten bestimmen Kettenspaltungen den Abbau, die sich in einer Abnahme der Glasübergangstemperatur, des Gelanteils und der Pendelhärte äußern. Mit der Mikroeindringhärte wird eine Härtezunahme festgestellt, die durch den Einfluß weniger stark abgebauter tieferer Polymerschichten erklärt wird. Unter Ozoneinfluß verstärken sich die Kettenspaltungen. Die Filmoberfläche wird jedoch nicht in stärkerem Maße geschädigt (Glanzabfall, Vergilben) als in Luft allein. Photooxidationsprodukte mit Hydroxyl- und Carbonylgruppen werden detektiert, die durch Oxidation von C-H-Funktionen, α-ständig zu Sauerstoff- bzw. Stickstoffatomen, entstehen. Oxidativ abgebaute Epoxidharzfilme zeigen geringere Schädigungen, die denjenigen der photooxidativ abgebauten Filme entsprechen.

Der Einfluß ozonhaltiger Luft auf einen photooxidativ bewitterten aliphatischen Polyesterurethanlack wirkt sich in einer deutlichen Schädigung der Filmoberfläche (Glanzabfall) aus. Im Gegensatz dazu tritt in Reinluft kein beobachtbarer Glanzabfall auf. Unter Lichteinfluß bilden sich unabhängig von Ozon carbonyl- und hydroxylgruppenhaltige Photooxidationsprodukte, die zu einer Gewichtszunahme führen. Gleichzeitig nimmt die Konzentration an CH- , CH_2- und NH-Funktionen ab. Als Folge der Oxidationsreaktionen werden Polymerketten gespalten, was sich in einer niedrigeren Glasübergangstemperatur äußert. Es kann jedoch weder eine Abnahme der Härte noch des Gelanteils festgestellt werden. Aliphatische Polyesterurethanfilme werden auch durch ozonhaltige Luft ohne Licht abgebaut. Makroskopisch beobachtbar ist ein geringer Glanzabfall und eine schwache Gewichtszunahme, die mit einer Oxidation von CH- und CH_2-Gruppen zu Carbonylfunktionen einhergeht. Eine Konzentrationsabnahme an NH-Gruppen wird ebenfalls beobachtet.

Das trocknende Alkydharzsystem erfährt schon durch die Temperatur- und Feuchtelagerung (40 °C, 50 % rel. LF) eine Gewichtsabnahme. Die Filme verspröden, der Glanz nimmt ab. In Gegenwart ozonhaltiger Luft ohne Licht steigt das Filmgewicht an, wofür oxidierte Produkte mit Hydroxyl- und Carbonylgruppen verantwortlich gemacht werden. Den oxidativen Abbau bestimmen Kettenspaltungen, die sich in einer Abnahme des Gelanteils, der Härte und der Glasübergangstemperatur äußern. Unter Licht abgebaute trocknende Alkydharzfilme zeigen mit und ohne Ozoneinfluß ein nur geringfügig unterschiedliches Abbauverhalten. Flüchtige Produkte verursachen einen Gewichtsverlust, der in ozonhaltiger Luft gesteigert wird. Kettenspaltungen finden bevorzugt nahe der Filmoberfläche statt. Sie führen zu einer Abnahme der Glasübergangstemperatur und des Gelanteils. Eine Schädigung der Filmoberfläche wirkt sich im Glanzabfall aus. Photooxidationsprodukte mit Hydroxyl- und Carbonylgruppen gehen einher mit einer Konzentrationsabnahme der CH- und CH_2-Funktionen von Alkylketten.

Melaminvernetzte Alkydharzfilme werden in ozonhaltiger Luft ohne Licht stark abgebaut. Bevorzugt werden die Alkylketten und NH-Funktionen oxidativ angegriffen. In Folge davon nimmt das Filmgewicht und die Glasübergangstemperatur zu. Gleichzeitig werden Polymerketten gespalten, was sich in einer Abnahme der Härte und einem geringeren Gelanteil bemerkbar macht. Die Filmoberfläche wird jedoch durch ozonhaltige Luft nicht geschädigt. Es kann eine geringe Glanzzunahme beobachtet werden, deren Entstehen nicht zweifelsfrei erklärt werden kann. In Gegenwart von Licht werden die melaminvernetzten Alkydharzfilme ebenfalls stark abgebaut. Wie die Infrarotspektren jedoch zeigen, werden in Reinluft, im Gegensatz zu in ozonhaltiger Luft, unterschiedliche funktionelle Gruppen angegriffen. Diese Unterschiede spiegeln sich nicht in den lacktechnischen Eigenschaften wieder. In Reinluft findet man Photooxidationsprodukte mit Hydroxyl- und Carbonylgruppen. Diese gehen einher mit einer Konzentrationsabnahme von NH- und CH- bzw. CH_2-Funktionen. In ozonhaltiger Luft dagegen kann bei gleichen Abbauprodukten keine entsprechende Konzentrationsabnahme festgestellt werden. Der photooxidative Abbau verläuft unter Bildung flüchtiger Produkte, deren Menge in Reinluft größer ist als in ozonhaltiger Luft. Kettenspaltungen finden neben Vernetzungen statt. Dies führt in oberflächennahen Polymerschichten zu einer Versprödung in Reinluft, zu abnehmender Härte dagegen in ozonhaltiger Luft. Ein Glanzabfall der vergilbten Filme deutet auf eine Schädigung der Oberfläche hin. In Gegenwart von Licht führt ozonhaltige Luft bei diesem melaminvernetzten Alkydharz zu einem retardierten Abbau verglichen mit dem Abbau in Reinluft.

Die Ergebnisse zeigen, daß sich ozonhaltige Luft auf den photooxidativen und oxidativen Abbau der getesteten Lackbindemittel nur an geringen Veränderungen der lacktechnischen Eigenschaften in den oberflächennahen Polymerschichten zeigt, wohingegen tiefere Bereiche weniger stark abgebaut werden. Der makroskopisch beobachtbare Abbau steht in Zusammenhang mit Oxidationsreaktionen an CH-Funktionen. Eine zu Stickstoff- oder Sauerstoffatomen α-ständige CH-Funktion scheint dafür aktiviert zu sein. Die Konstitution des Bindemittels besitzt also einen entscheidenden Einfluß auf die Beständigkeit der Lackierung gegenüber Ozon. Amin-, Isocyanathärter oder ketonische Verunreinigungen in den Polymeren beeinflussen den Abbau zusätzlich. Besonders beständig gegenüber ozonhaltiger Luft zeigt sich unter diesen Bedingungen Polymethylmethacrylat, wohingegen alle aminvernetzten Lackbindemittel stärker abgebaut werden.

6 Experimenteller Teil

6.1 Die Bewitterungsanlage

6.1.1 Einführung

Die Parameter Licht, Temperatur, Feuchte und Ozon lassen sich mit dem Kammer-in-Kammer-Verfahren[126, 127] simulieren. Abbildung 32 gibt den Aufbau und die Funktionsweise wieder.

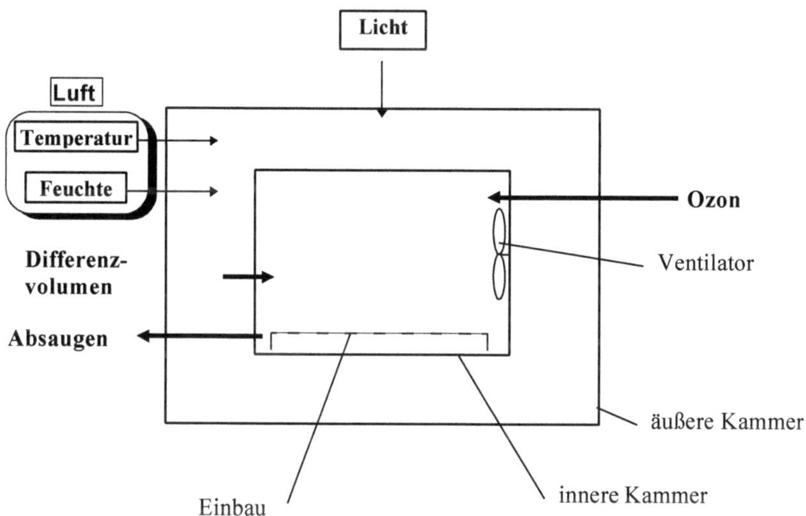

Abbildung 32 Aufbau und Funktionsweise der Bewitterungsanlage

Als äußere Kammer wurde ein Global-UV-Testgerät[128] der Firma Weiss Umwelttechnik GmbH verwendet, mit der sich Licht, Temperatur und Feuchte simulieren lassen. Durch Zudosieren und Abziehen von ozonhaltiger Luft wird die Testatmosphäre in der inneren Kammer eingestellt. Ein Rotor sorgt dabei für eine gleichmäßige Verteilung des Ozons in der Prüfkammer, wo sich die Proben auf einem eigens konstruierten Einbau befinden. Dieser ermöglicht es, Bleche in derselben Kammer zwei verschieden Testbedingungen auszusetzen. Bewitterungen mit und ohne UV-Licht können gleichzeitig durchgeführt werden (s. 6.1.5).
Die Seiten- und Bodenplatten der Prüfkammer sind aus Plexiglas. Als Abdeckung wurde ein spezielles Plexiglas GS 2058 der Firma Röhm verwendet, das für UV-Strahlung durchlässig ist.

6.1.2 Licht

Eine Kombination aus vier verschiedenen Leuchtstoffröhren in geeigneter Anordnung simuliert die Strahlung des Sonnenlichts im kurzwelligen UV_A- und UV_B-Spektralbereich (Abbildung 33). Der Anteil an langwelliger IR-Strahlung (Wärmestrahlung) ist geringer als in der Sonnenlichtstrahlung und wird durch die Temperatur berücksichtigt (s. 6.1.3).

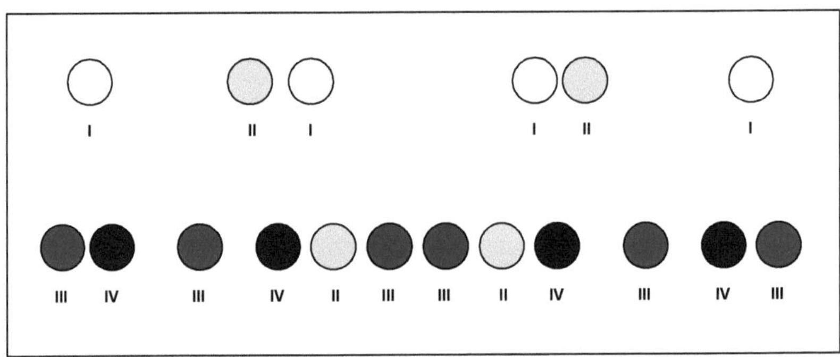

Abbildung 33 Anordnung der Leuchtstoffröhren I - IV im Global-UV-Testgerät[128]

Röhrentyp	UV-C in [W] (<280 nm)	UV-B in [W] (280 - 315 nm)	UV-A in [W] (315 - 380 nm)	Licht in [W] (380 - 780 nm)
I	0	0	0,05	10,8
II	0	<0,01	3,8	3,8
III	0	0,03	8,5	1,4
IV	<0,01	4,7	3,0	0,7

Eine Alterung der Leuchtstoffröhren während der Betriebszeit ändert die Strahlungsleistung. Mit einem Stelltransformator läßt sich die Lampenspannung so ändern, daß eine konstante Strahlungsleistung der Röhren resultiert.

Die Lichtintensität auf den Probenoberflächen wurde mit UV_A- und UV_B-Meßgeräten der Firma Höhnle GmbH überwacht und betrug im UV_A-Bereich 0,96 ± 0,04 mW/cm² und im UV_B-Bereich 0,10 ± 0,01 mW/cm². Nach 2000 Betriebsstunden wurden die Lampen ausgetauscht.

6.1.3 Temperatur und Feuchte

Die Lufttemperatur in der äußeren Kammer wird über einen Wärmetauscher (Kaltsole und Heizdraht) auf den vorgegebenen Sollwert temperiert. Als Meßfühler dient ein Pt 100 Widerstand.

Zur reproduzierbaren Einstellung einer definierten Feuchte kommt ein Verfahren zur Anwendung, das unter dem Namen Taupunktprinzip bekannt ist. Dabei wird dem Prüfraum die gewünschte absolute Feuchte aufgezwungen, indem eine bestimmte Luftrate mit bekannter Taupunkttemperatur zugeführt wird. Diese absolute Feuchte ergibt zusammen mit der im Prüfraum herrschenden Temperatur die gewünschte relative Feuchte. Die zur Befeuchtung verwendete Druckluft wird in ein Wasserbad geleitet, in dem sie sich mit Wasserdampf sättigt. Sie gelangt mit einer Taupunkttemperatur in den Prüfraum, die mit der Wasserbadtemperatur identisch ist[128].

6.1.4 Erzeugung, Regelung und Vernichtung von Ozon

Zur Ozonerzeugung wird ein Röhren-Ozonisator Ozomat COM[129] der Firma Anseros GmbH verwendet. In einer Hochspannungs-Gasentladungsröhre wird aus reinem Sauerstoff durch kurze Hochspannungspulse ozonhaltige Luft erzeugt. Frequenz und Form der Hochspannungspulse und der Gasdurchfluß beeinflußen die Ozonproduktion.

Zur Ozonanalyse wird ein Analysator Ozomat MP[130] der Firma Anseros GmbH benutzt, dessen Meßprinzip auf der Absorption von UV-Strahlung durch Ozon beruht. Zwei Küvetten werden von UV-Licht der Wellenlänge λ = 253,7 nm durchstrahlt. Nach dem Gesetz von Lambert-Beer läßt sich aus dem Verhältnis der Intensitäten der Meß- und Referenzküvette die Ozonkonzentration berechnen, die auf einem Display angezeigt wird. Ein im Analysator eingebauter Katalysator zerstört das Ozon nach der Analyse.

Zur Ozonproduktion wird reiner Sauerstoff verwendet, der extern über einen thermischen Massendurchflußmesser der Firma MKS zugeführt wird. Die ozonhaltige Luft wird in der inneren Kammer mit der entsprechend temperierten und befeuchteten Luft gemischt und dadurch verdünnt. Die gewünschte Verdünnung wird durch Abziehen eines konstanten Gasvolumens (thermischer Massendurchflußmesser der Firma MKS) aus der inneren Kammer eingestellt. Das abgezogene Gasvolumen ist stets größer als die zugeführte Menge an ozonhaltiger Luft. Aus der äußeren Kammer wird das Differenzvolumen nachgeliefert, das auf die gewünschte Temperatur und Feuchte eingestellt ist. Das abgezogene Gasgemisch wird durch einen Wasserabscheider entfeuchtet, bevor in einem Teilstrom die Ozonkonzentration bestimmt wird. Nach der Analyse wird der Teilstrom mit der Restgasmenge vereinigt und über den Massendurchflußmesser in ein auf pH 10 mit Calciumhydroxid eingestelltes Wasserreservoir durch im Kreislauf betriebene Wasserstrahlpumpen geleitet. Dabei wird das Ozon im alkalischen

Wasser, das durch einen Kryostaten auf 20 °C temperiert wird, gelöst und in Folgereaktionen zerstört[31-33].

6.1.5 Parameter

In Tabelle 25 sind die Parameter und Geräteeinstellungen zusammengestellt, wie sie für die Bewitterungen verwendet wurden.

Tabelle 25 Paramter und Geräteeinstellungen

Gasflüsse:	Sauerstoffzufuhr	50 ml/min
	abgezogene Gasmischung	8 l/min
Ozongenerator:	Pulsfrequenz	10 % des Maximalwertes (80 g/m³)
	Pulsbreite	maximal
Ozonanalysator:	Gasdurchfluß	60 l/h
	Küvettenlänge	363 mm
	Extinktionskoeffizient	3024 dm³/mol cm
Steuerung:	Temperatur	40 °C
	relative Luftfeuchtigkeit	50 %
	Licht	ja

6.1.6 Materialien und Sicherheitsvorkehrungen

Alle mit Sauerstoff und Ozon in Berührung kommenden Teile müssen öl- und fettfrei gehalten werden. Als ozonfeste Materialien[16b] wurden Teflonschläuche, Silikonübergangsstücke und Edelstahlverschraubungen verwendet. Zum Abdichten entsprechender Glasschliffe im Wasserabscheider wurden Teflonhülsen eingesetzt.

Die Anlage wurde durch Sicherheitsvorkehrungen so ausgerüstet, daß ein Dauerbetrieb gefahrlos möglich war. Bei einem Stromausfall wurden die Magnetventile für die Sauerstoffzufuhr und den abgezogenen Gasstrom geschlossen. Ozongenerator und -analysator wurden so geschaltet, daß auch dann kein Ozon mehr produziert wird, wenn der Stromfluß wieder hergestellt ist.

6.2 Bindemittel und Probenpräparation

6.2.1 Substrate

Als Substrat wurde Aluminium gewählt, da es keinen beobachtbaren Angriff durch Ozon zeigt[16b] und sich gut mechanisch bearbeiten läßt. Werkstoffbezeichnungen, Abmessungen und Hersteller der verwendeten Aluminiumlegierungen können Tabelle 26 entnommen werden.

Tabelle 26 verwendete Aluminiumlegierungen

Probenbezeichnung für	**Substrat**	**Abmessungen in [cm]**	**Hersteller**
optische, mechanische Eigenschaften	AlMg1	$10 \times 5 \times 1{,}5$ cm³	Firma Gartner, Gundelfingen
Infrarotspektroskopie, Extraktion	Al 99,5	$5 \times 2{,}5 \times 0{,}5$ cm³	Firma Collardin, Köln

6.2.2 Vorbehandlung

Alle Bleche wurden vor der Applikation im Ultraschall in Aceton gereinigt. Proben aus AlMg1 strahlte man vor der Applikation und reinigte sie nochmal im Ultraschall. Strahlmittel und -bedingungen sind in Tabelle 27 dargestellt. Mit dem elektrischen Tastschnittgerät Perthometer M 4P 150 der Firma Perthen Mahr konnten R_a-Werte von 2,81 ± 0,13 µm und R_z-Werte von 17,78 ± 0,76 µm bei einem cut-off von 0,8 gemessen werden.

Tabelle 27 Strahlbedingungen für den Werkstoff AlMg1

Strahlmittel:	Elektrokorund NK I Körnung F 100 Firma Würth Bad Friedrichshall	
Strahlbedingungen:	Druck	2,5 bar
	Winkel	60°
	Entfernung	10 - 15 cm

6.2.3 Applikation und Bindemittelrezepturen

Proben zur Untersuchung der Modellbindemittel stellt man durch Tauchen aus verdünnter Lösung her (Werkstoff Al 99,5). Alle verwendeten technischen Bindemittel wurden auf den Substraten Al 99,5 und AlMg1 appliziert. Bleche für IR- und Extraktionsuntersuchungen (Werkstoff Al 99,5) wurden durch Tauchen aus verdünnter Lösung hergestellt. Zur Beurteilung der optischen und mechanischen Eigenschaften brachte man die Bindemittel mit einer Lackschleuder auf die zuvor gestrahlten Aluminiumbleche des Werkstoffs AlMg1 auf. In

Tabelle 28 sind die Rezepturen, Applikations- und Trocknungsbedingungen der verwendeten Modellbindemittel aufgeführt.

Tabelle 28 Rezepturen, Applikations- und Trocknungsbedingungen der Bindemittel mittlere Schichtdicken mit Standardabweichung auf dem Werkstoff AlMg1

Modellbindemittel

Polymethylmethacrylat (Röhm GmbH)	Werkstoff Al 99,5
Plexigum M 527	25,0 g
Methylethylketon	45,0 g
Butylacetat	30,0 g
Trocknung	30 min ablüften 2 h bei 40 °C

Polystyrol (Sigma-Aldrich Chemie GmbH)	Werkstoff Al 99,5
Polystyrol	60,0 g
Toluol	200,0 g
Trocknung	30 min ablüften 2 h bei 40 °C

Technisch eingesetzte Bindemittel

melaminvernetztes Alkydharz	Werkstoff Al 99,5	Werkstoff AlMg1
Alkydal F 251 (Bayer AG)	46,4 g	60,0 g
Maprenal MF 800 (Hoechst AG)	19,6 g	25,3 g
Xylol	23,1 g	10,0 g
Ethylglycol	10,9 g	4,7 g
Applikation	tauchen	schleudern 2 000 U/min für 30 sec.
Trocknung	60 min ablüften 30 min bei 130 °C	60 min ablüften 30 min bei 130 °C
Schichtdicke		44,24 ± 4,05 µm

trocknendes Alkydharz	Werkstoff Al 99,5	Werkstoff AlMg1
Alkydal F 49 (Bayer AG)	67,8 g	84,8 g
Toluol	30,1 g	12,6 g
Co-Soligen	0,8 g	0,9 g
Pb-Soligen	0,9 g	1,2 g
Mn-Soligen	0,4 g	0,5 g
Applikation	tauchen	schleudern 3 000 U/min für 30 sec.
Trocknung	60 min ablüften 2 h bei 40 °C	60 min ablüften 6 h bei 40 °C
Schichtdicke		53,02 ± 1,00 µm

Tabelle 28 Fortsetzung

aminvernetztes Epoxidharz	Werkstoff Al 99,5	Werkstoff AlMg1
Beckopox EP 140 (Hoechst AG)	54,8 g	66,2 g
Vestamin IPD (Hüls AG)	19,8 g	23,9 g
n-Butanol	13,6 g	5,2 g
Xylol	11,8 g	4,7 g
Applikation	tauchen	schleudern 4 000 U/min für 30 sec.
Trocknung	30 min ablüften 2 h bei 40 °C	30 min ablüften 6 h bei 40 °C
Schichtdicke		39,36 ± 2,20 µm
Polyesterurethan	Werkstoff Al 99,5	Werkstoff AlMg1
Desmophen 650 (Bayer AG)	41,0 g	44,9 g
Desmodur N 75 (Bayer AG)	32,9 g	36,1 g
Butylacetat	4,1 g	3,2 g
Methylethylketon	12,4 g	8,7 g
Ethylglycolacetat	5,3 g	3,9 g
Toluol	4,1 g	3,2 g
Applikation	tauchen	schleudern 1 500 U/min für 30 sec.
Trocknung	30 min ablüften 2 h bei 60 °C	30 min ablüften 6 h bei 60 °C
Schichtdicke		48,22 ± 1,54 µm
aminvernetztes Polyacrylat	Werkstoff Al 99,5	Werkstoff AlMg1
Plexigum PM 381 (Röhm GmbH)	30,0 g	44,7 g
Resamin HF (Hoechst AG)	4,5 g	6,7 g
Shellsol A (Shell AG)	64,0 g	46,4 g
n-Butanol	1,5 g	2,2 g
Applikation	tauchen	schleudern 1 500 U/min für 30 sec.
Trocknung	30 min ablüften 2 h bei 40 °C	30 min ablüften 6 h bei 40 °C
Schichtdicke		41,80 ± 0,63 µm

Alle Proben wurden bis zur weiteren Prüfung im Normalklima 23/50[131] gelagert. Weitere Aushärtungs- bzw. Alterungsvorgänge verfolgte man mit der Pendelhärteprüfung (s. 6.4.4). Dazu wurden die Pendelhärten dreier zufällig ausgewählter Proben eines jeden Bindemittelsystems verfolgt. Traten keine signifikanten Änderungen bei der Pendeldämpfungsprüfung mehr auf, konnten die Bleche bewittert werden.

6.3 Bewitterung

6.3.1 Probenauswahl

Kriterien für die Probenauswahl waren die Schichtdicke (s. 6.2.3 Tab. 28) und der Spiegelglanz bei 20°. Die Abweichungen der Schichtdicke durften nicht mehr als 5,0 µm, beim Glanz nicht mehr als 4 Glanzeinheiten betragen.

6.3.2 Testbedingungen und Bewitterung

Vor der eigentlichen Bewitterung in vier verschiedenen Testatmosphären wurden alle Proben für 120 h bei 40 °C und 50 % relativer Luftfeuchtigkeit gelagert. Die Testatmosphären sind in Tabelle 29 dargestellt.

Tabelle 29 Testatmosphären

Probe	Parameter			
	Global-UV Strahlung	**Ozon** in [ppm]	**Temperatur** in [°C]	**rel. Luftfeuchte** in [%]
Vergleichsprobe	nein	nein	40	50
Belastung mit ozonhaltiger Luft	nein	50	40	50
Belichtung in Luft	ja	nein	40	50
Belichtung in ozonhaltiger Luft	ja	50	40	50

Die Proben wurden für 1160 h den einzelnen Testatmosphären ausgesetzt. Der Einsatz des in 6.1.1 beschriebenen Einbaus ermöglichte zwei unterschiedliche Testatmosphären in einer Bewitterungskammer einzustellen. Vergleichs- und die in Luft belichteten Proben, sowie in ozonhaltiger Luft belastete und belichtete Proben konnten gleichzeitig bewittert werden. Um eine gleichmäßige Bestrahlung zu erreichen, wurden die Proben alle 290 h gedreht.

6.4 Messung des Polymerabbaus

6.4.1 Allgemeines

Nach 290, 580, 870 und 1160 h wurden die Proben auf Veränderungen ihrer mechanischen, optischen und chemischen Eigenschaften untersucht. Vor den jeweiligen Messungen lagerte man die Proben mindestens 16 h im Normalklima 23/50[131]. Änderungen der jeweiligen Eigenschaften wurden auf die Werte nach 120 h Lagerung bei 40 °C und 50 % rel. Luftfeuchte bezogen.

6.4.2 Gewicht

Das Gewicht von fünf Proben (Substrat und Lackfilm) wurde mit der Analysenwaage bestimmt und die Differenz zu den Werten nach 120 h Lagerung bei 40 °C und 50 % rel. Luftfeuchte ermittelt. Es werden die Mittelwerte dieser Differenzen mit Standardabweichungen angegeben.

6.4.3 Glanz, Glanzschleier und Farbmessung

Zur Glanzmessung wurde das Haze gloss der Firma Byk-Gardner eingesetzt. Wie für hochglänzende Lackoberflächen vorgesehen wurde die 20°-Meßgeometrie verwendet, zusätzlich wurde der Glanzschleier bestimmt. Die Farbmessung wurde mit dem Farbmeßgerät RFC-16 der Firma Carl Zeiss Oberkochen durchgeführt.

6.4.4 Pendel- und Mikrohärte

Die Pendelhärte[112] wurde mit dem Härtemeßgerät nach König der Firma Erichsen bestimmt. Die Mikrohärte[111] wurde mit dem Fischerskop H 100 der Firma Fischer bestimmt. Pro Blech wurden die Kraft-Eindringkurven an neun Stellen aufgenommen und eine Mittelwertkurve ermittelt. Um verschieden belastete Proben miteinander vergleichen zu können wurde für jedes Lacksystem eine charakteristische Eindringtiefe gewählt und die zugehörige Härte bei dieser Eindringtiefe bestimmt.

6.4.5 Glasübergangstemperatur

Die Glasübergangstemperatur wurde durch dynamisch-thermomechanische Methode an zwei Proben bestimmt. Ein Penetrationsstempel wird eben auf die Probenoberfläche aufgesetzt und periodisch mit 10 g be- und entlastet, während die Probe mit einer Aufheizrate von 10 °C/min von -130 °C an erwärmt wird. Mit einem Schreiber wird die Eindringtiefe bei Belastung und das Zurückfedern bei Entlastung registriert. Der Onset des Glasübergangs wird nach der Tangentenmethode bestimmt.

6.4.6 Extraktionen und Gelpermeationschromatographie

Lackfilme auf Al 99,5 (∅ = 2 cm) wurden in 5 ml Tetrahydrofuran bei Raumtemperatur sieben Tage extrahiert. Der Extrakt (löslicher Anteil) wurde durch Filtration vom unlöslichen Anteil (Gel) getrennt, im Exikator auf Gewichtskonstanz getrocknet und gewogen. Eventuell auf dem Substrat verbliebener Lackfilm wurde bei 600 °C thermisch zersetzt. Die Gewichtsdifferenz vor und nach der thermischen Zersetzung wurde dem Gelanteil zugeschlagen. Der lösliche Anteil wurde mit der Gelpermeationschromatographie untersucht.

6.4.7 Infrarotspektroskopie

Proben auf Al 99,5 (∅ = 2 cm) für die infrarotspektroskopischen Untersuchungen wurden für 24 h im Exikator gelagert und mit dem Fourier-Transform-IR-Spektrometer Perkin Elmer GC IR in Remission untersucht.

7 Anhang

Anhang 1 Meßwerte vor der Bewitterung und Differenzen zum Abbau des aminvernetzten Polyacrylats

Tabelle 30 Änderung der Gewichte beim Abbau von Polyacrylatfilmen in verschiedenen Testatmosphären

Zeit [h]	Änderung des Gewichtes von verschieden bewitterten Lackfilmen in [mg]			
	Referenz*	Belichtung in Luft	Belichtung in ozonhaltiger Luft	Belastung mit ozonhaltiger Luft
0	0,00 ± 0,00	0,00 ± 0,00	0,00 ± 0,00	0,00 ± 0,00
290	-3,88 ± 0,26	-15,64 ± 0,11	-13,10 ± 0,10	-4,28 ± 0,19
580	-5,18 ± 0,52	-22,68 ± 0,62	-18,30 ± 0,17	-6,49 ± 0,22
870	-6,04 ± 0,50	-25,84 ± 0,60	-21,96 ± 0,20	-9,66 ± 0,40
1160	-6,49 ± 0,46	-27,29 ± 0,74	-24,19 ± 0,25	-11,19 ± 0,41

* Die durchschnittlichen Filmgewichte vor der Bewitterung betrugen 271,70 mg.

Tabelle 31 Pendelhärten vor der Bewitterung und deren Änderungen beim Abbau von Polyacrylatfilmen in verschiedenen Testatmosphären

	Pendelhärte der Lackfilme vor den verschiedenen Bewitterungen [Pendelschwingungen]			
	Referenz	Belichtung in Luft	Belichtung in ozonhaltiger Luft	Belastung mit ozonhaltiger Luft
	62,8 ± 0,4	62,8 ± 0,8	62,3 ± 0,4	62,8 ± 0,4
Zeit [h]	**Änderung der Pendelhärten von verschieden bewitterten Lackfilmen**			
0	0,00 ± 0,00	0,00 ± 0,00	0,00 ± 0,00	0,00 ± 0,00
290	4,00 ± 0,00	5,80 ± 0,50	6,00 ± 0,70	3,50 ± 0,40
580	2,90 ± 0,50	9,80 ± 0,50	9,00 ± 0,50	2,10 ± 0,50
870	4,10 ± 0,50	14,50 ± 0,90	13,00 ± 0,60	2,50 ± 0,50
1160	5,20 ± 0,40	16,90 ± 1,00	13,70 ± 0,70	3,70 ± 0,40

Tabelle 32 Mikroeindringhärten vor der Bewitterung und deren Änderungen beim Abbau von Polyacrylatfilmen in verschiedenen Testatmosphären

Mikroeindringhärte der Lackfilme vor den verschiedenen Bewitterungen [N/mm²]				
	Referenz	Belichtung in Luft	Belichtung in ozonhaltiger Luft	Belastung mit ozonhaltiger Luft
	65,7 ± 1,0	64,6 ± 0,4	63,5 ± 0,3	62,9 ± 0,3
Zeit [h]	**Änderung der Mikroeindringhärte von verschieden bewitterten Lackfilmen***			
0	0,00	0,00	0,00	0,00
290	5,40	16,60	17,30	9,80
580	5,40	25,20	24,00	11,30
870	6,00	30,30	32,70	16,40
1160	5,50	30,10	39,30	19,80

* Eindringtiefe: 4,10 ± 0,09 µm

Tabelle 33 Glanz (20°) vor der Bewitterung und dessen Änderungen beim Abbau von Polyacrylatfilmen in verschiedenen Testatmosphären

Glanz (20°) der Lackfilme vor den verschiedenen Bewitterungen [Reflektometereinheiten]				
	Referenz	Belichtung in Luft	Belichtung in ozonhaltiger Luft	Belastung mit ozonhaltiger Luft
	39,0 ± 2,1	38,3 ± 3,0	36,5 ± 2,0	36,9 ± 2,1
Zeit [h]	**Glanzänderung (20°) von verschieden bewitterten Lackfilmen**			
0	0,00 ± 0,00	0,00 ± 0,00	0,00 ± 0,00	0,00 ± 0,00
290	-0,50 ± 0,20	-0,40 ± 0,20	-0,30 ± 0,20	0,30 ± 0,10
580	-0,20 ± 0,20	-1,10 ± 0,30	-0,40 ± 0,20	1,20 ± 0,20
870	0,50 ± 0,20	-1,60 ± 0,20	0,70 ± 0,30	2,60 ± 0,30
1160	0,70 ± 0,10	-2,70 ± 0,40	1,60 ± 0,30	3,20 ± 0,20

Tabelle 34 Glanzschleier vor der Bewitterung und dessen Änderungen beim Abbau von Polyacrylatfilmen in verschiedenen Testatmosphären

Glanzschleier der Lackfilme vor den verschiedenen Bewitterungen [Skalenteile]				
	Referenz	Belichtung in Luft	Belichtung in ozonhaltiger Luft	Belastung mit ozonhaltiger Luft
	447 ± 16	449 ± 20	468 ± 12	463 ± 14
Zeit [h]	**Glanzschleieränderung von verschieden bewitterten Lackfilmen**			
0	0,00 ± 0,00	0,00 ± 0,00	0,00 ± 0,00	0,00 ± 0,00
290	2,90 ± 1,70	2,90 ± 1,10	6,10 ± 1,00	2,60 ± 1,00
580	-0,30 ± 1,80	4,50 ± 1,70	4,80 ± 0,80	-3,70 ± 1,70
870	-6,00 ± 1,30	5,10 ± 2,50	-1,30 ± 2,00	-13,00 ± 2,80
1160	-6,80 ± 1,90	10,60 ± 3,40	-6,30 ± 2,80	-14,50 ± 3,10

Tabelle 35 Farbort (b*-Wert) vor der Bewitterung und dessen Änderungen beim Abbau von Polyacrylatfilmen in verschiedenen Testatmosphären

b*-Wert der Lackfilme vor den verschiedenen Bewitterungen* [Skalenteile]				
	Referenz	Belichtung in Luft	Belichtung in ozonhaltiger Luft	Belastung mit ozonhaltiger Luft
	0,37 ± 0,06	0,33 ± 0,06	0,29 ± 0,05	0,38 ± 0,04
Zeit [h]	**Änderung des b*-Wertes von verschieden bewitterten Lackfilmen***			
0	0,00 ± 0,00	0,00 ± 0,00	0,00 ± 0,00	0,00 ± 0,00
290	0,04 ± 0,06	-0,02 ± 0,06	-0,03 ± 0,05	0,13 ± 0,05
580	0,06 ± 0,06	0,05 ± 0,07	-0,05 ± 0,05	0,11 ± 0,05
870	0,08 ± 0,06	-0,06 ± 0,07	-0,06 ± 0,05	0,10 ± 0,05
1160	0,17 ± 0,06	0,00 ± 0,07	0,00 ± 0,05	0,15 ± 0,05

* Werte ohne Glanz

Anhang 2 Meßwerte vor der Bewitterung und Differenzen zum Abbau des aminvernetzten Epoxidharzes

Tabelle 36 Änderung der Gewichte beim Abbau von aminvernetzten Epoxidharzfilmen in verschiedenen Testatmosphären

Zeit [h]	**Änderung des Gewichtes von verschieden bewitterten Lackfilmen in** [mg]			
	Referenz*	Belichtung in Luft	Belichtung in ozonhaltiger Luft	Belastung mit ozonhaltiger Luft
0	0,00 ± 0,00	0,00 ± 0,00	0,00 ± 0,00	0,00 ± 0,00
290	0,32 ± 0,05	1,68 ± 0,13	1,75 ± 0,17	0,55 ± 0,07
580	0,40 ± 0,10	1,50 ± 0,14	1,98 ± 0,28	1,13 ± 0,15
870	1,00 ± 0,09	0,23 ± 0,07	0,96 ± 0,17	2,06 ± 0,09
1160	1,22 ± 0,12	-2,23 ± 0,18	-1,55 ± 0,08	1,60 ± 0,15

* Die durchschnittlichen Filmgewichte vor der Bewitterung betrugen 255,84 mg.

Tabelle 37 Pendelhärten vor der Bewitterung und deren Änderungen beim Abbau von aminvernetzten Epoxidharzfilmen in verschiedenen Testatmosphären

	Pendelhärte der Lackfilme vor den verschiedenen Bewitterungen [Pendelschwingungen]			
	Referenz	Belichtung in Luft	Belichtung in ozonhaltiger Luft	Belastung mit ozonhaltiger Luft
	170,0 ± 1,2	170,3 ± 0,8	171,0 ± 0,0	170,0 ± 1,3
Zeit [h]	**Änderung der Pendelhärten von verschieden bewitterten Lackfilmen**			
0	0,00 ± 0,00	0,00 ± 0,00	0,00 ± 0,00	0,00 ± 0,00
290	0,90 ± 0,00	-4,30 ± 0,50	-16,80 ± 0,70	-12,80 ± 0,40
580	1,20 ± 0,50	-18,70 ± 0,50	-46,80 ± 0,50	-39,20 ± 0,50
870	1,70 ± 0,50	-19,80 ± 0,90	-48,50 ± 0,60	-48,80 ± 0,50
1160	6,20 ± 0,40	-23,50 ± 1,00	-31,40 ± 0,70	-16,40 ± 0,40

Tabelle 38 Mikroeindringhärten vor der Bewitterung und deren Änderungen beim Abbau von aminvernetzten Epoxidharzfilmen in verschiedenen Testatmosphären

Mikroeindringhärte der Lackfilme vor den verschiedenen Bewitterungen [N/mm²]				
	Referenz	Belichtung in Luft	Belichtung in ozonhaltiger Luft	Belastung mit ozonhaltiger Luft
	197,4 ± 1,2	199,1 ± 1,6	197,5 ± 1,3	198,5 ± 1,4
Zeit [h]	**Änderung der Mikroeindringhärte von verschieden bewitterten Lackfilmen***			
0	0,00	0,00	0,00	0,00
290	-5,30	11,30	11,00	-5,80
580	-6,50	24,80	28,80	-4,50
870	-3,80	41,30	41,40	-3,30
1160	-3,10	44,20	46,90	1,30

* Eindringtiefe: 4,12 ± 0,05 µm

Tabelle 39 Glanz (20°) vor der Bewitterung und dessen Änderungen beim Abbau von aminvernetzten Epoxidharzfilmen in verschiedenen Testatmosphären

Glanz (20°) der Lackfilme vor den verschiedenen Bewitterungen [Reflektometereinheiten]				
	Referenz	Belichtung in Luft	Belichtung in ozonhaltiger Luft	Belastung mit ozonhaltiger Luft
	100,3 ± 0,6	98,1 ± 2,1	98,3 ± 0,6	98,3 ± 0,7
Zeit [h]	**Glanzänderung (20°) von verschieden bewitterten Lackfilmen**			
0	0,00 ± 0,00	0,00 ± 0,00	0,00 ± 0,00	0,00 ± 0,00
290	-0,80 ± 0,30	-4,10 ± 0,60	-7,30 ± 1,10	-3,70 ± 0,70
580	-0,80 ± 0,50	-6,20 ± 0,40	-8,50 ± 1,20	-4,5 ± 0,90
870	-0,70 ± 0,40	-8,10 ± 0,20	-9,80 ± 0,90	-5,10 ± 0,90
1160	-0,80 ± 0,50	-8,90 ± 0,90	-10,50 ± 0,70	-5,80 ± 1,20

Tabelle 40 Glanzschleier vor der Bewitterung und dessen Änderungen beim Abbau von aminvernetzten Epoxidharzfilmen in verschiedenen Testatmosphären

Glanzschleier der Lackfilme vor den verschiedenen Bewitterungen [Skalenteile]				
	Referenz	Belichtung in Luft	Belichtung in ozonhaltiger Luft	Belastung mit ozonhaltiger Luft
	40,1 ± 3,1	57,5 ± 7,2	60,5 ± 5,4	66,1 ± 7,8
Zeit [h]	**Glanzschleieränderung von verschieden bewitterten Lackfilmen**			
0	0,00 ± 0,00	0,00 ± 0,00	0,00 ± 0,00	0,00 ± 0,00
290	1,80 ± 0,40	-8,20 ± 1,70	-9,10 ± 2,00	0,80 ± 2,20
580	2,80 ± 0,40	-7,20 ± 1,90	-8,50 ± 2,10	1,30 ± 2,80
870	2,50 ± 0,60	-7,20 ± 1,90	-8,50 ± 2,10	1,30 ± 2,80
1160	3,80 ± 0,60	6,80 ± 2,60	6,00 ± 2,20	-0,20 ± 2,00

Tabelle 41 Farbort (b*-Wert) vor der Bewitterung und dessen Änderungen beim Abbau von aminvernetzten Epoxidharzfilmen in verschiedenen Testatmosphären

b*-Wert der Lackfilme vor den verschiedenen Bewitterungen* [Skalenteile]				
	Referenz	Belichtung in Luft	Belichtung in ozonhaltiger Luft	Belastung mit ozonhaltiger Luft
	0,41 ± 0,03	0,41 ± 0,03	0,52 ± 0,09	0,43 ± 0,07
Zeit [h]	**Änderung des b*-Wertes von verschieden bewitterten Lackfilmen***			
0	0,00 ± 0,00	0,00 ± 0,00	0,00 ± 0,00	0,00 ± 0,00
290	0,06 ± 0,01	8,07 ± 0,16	8,35 ± 0,22	0,03 ± 0,03
580	0,11 ± 0,02	11,61 ± 0,12	11,80 ± 0,51	0,05 ± 0,03
870	0,17 ± 0,02	14,24 ± 0,12	14,32 ± 0,11	0,09 ± 0,04
1160	0,22 ± 0,03	15,96 ± 0,19	16,63 ± 0,35	0,12 ± 0,05

* Werte ohne Glanz

Tabelle 42 Farbort (a*-Wert) vor der Bewitterung und dessen Änderungen beim Abbau von aminvernetzten Epoxidharzfilmen in verschiedenen Testatmosphären

a*-Wert der Lackfilme vor den verschiedenen Bewitterungen* [Skalenteile]				
	Referenz	Belichtung in Luft	Belichtung in ozonhaltiger Luft	Belastung mit ozonhaltiger Luft
	-0,52 ± 0,01	-0,53 ± 0,01	-0,52 ± 0,02	-0,52 ± 0,01
Zeit [h]	**Änderung des a*-Wertes von verschieden bewitterten Lackfilmen***			
0	0,00 ± 0,00	0,00 ± 0,00	0,00 ± 0,00	0,00 ± 0,00
290	-0,02 ± 0,01	-1,29 ± 0,02	-1,31 ± 0,02	-0,02 ± 0,01
580	-0,02 ± 0,01	-1,26 ± 0,02	-1,26 ± 0,03	-0,03 ± 0,01
870	-0,05 ± 0,01	-1,13 ± 0,02	-1,08 ± 0,06	-0,05 ± 0,01
1160	-0,05 ± 0,01	-0,91 ± 0,02	-0,82 ± 0,09	-0,06 ± 0,01

* Werte ohne Glanz

Anhang 3 Meßwerte vor der Bewitterung und Differenzen zum Abbau des aliphatischen Polyesterurethans

Tabelle 43 Änderung der Gewichte beim Abbau von aliphatischen Polyesterurethanfilmen in verschiedenen Testatmosphären

Zeit [h]	**Änderung des Gewichtes von verschieden bewitterten Lackfilmen in** [mg]			
	Referenz*	Belichtung in Luft	Belichtung in ozonhaltiger Luft	Belastung mit ozonhaltiger Luft
0	0,00 ± 0,00	0,00 ± 0,00	0,00 ± 0,00	0,00 ± 0,00
290	-0,93 ± 0,12	2,10 ± 0,19	2,45 ± 0,09	0,00 ± 0,19
580	-1,09 ± 0,09	4,01 ± 0,20	4,83 ± 0,07	0,83 ± 0,12
870	0,25 ± 0,09	5,86 ± 0,19	6,28 ± 0,27	2,05 ± 0,24
1160	-0,55 ± 0,05	5,96 ± 0,18	6,16 ± 0,23	1,51 ± 0,23

* Die durchschnittlichen Filmgewichte vor der Bewitterung betrugen 313,43 mg.

Tabelle 44 Pendelhärten vor der Bewitterung und deren Änderungen beim Abbau von aliphatischen Polyesterurethanfilmen in verschiedenen Testatmosphären

	Pendelhärte der Lackfilme vor den verschiedenen Bewitterungen [Pendelschwingungen]			
	Referenz	Belichtung in Luft	Belichtung in ozonhaltiger Luft	Belastung mit ozonhaltiger Luft
	149,8 ± 0,8	148,5 ± 0,9	149,3 ± 1,5	150,8 ± 0,8
Zeit [h]	**Änderung der Pendelhärten von verschieden bewitterten Lackfilmen**			
0	0,0 ± 0,0	0,0 ± 0,0	0,0 ± 0,0	0,0 ± 0,0
290	-4,7 ± 0,4	-6,7 ± 0,8	-5,8 ± 0,9	-3,3 ± 0,7
580	-0,7 ± 0,8	-2,2 ± 0,5	-3,8 ± 1,0	-4,1 ± 0,8
870	-2,7 ± 1,3	-2,8 ± 0,7	-4,8 ± 1,2	-2,0 ± 0,9
1160	-9,4 ± 0,9	-4,8 ± 1,5	-2,8 ± 1,5	-4,5 ± 4,3

Tabelle 45 **Mikroeindringhärten vor der Bewitterung und deren Änderungen beim Abbau von aliphatischen Polyesterurethanfilmen in verschiedenen Testatmosphären**

Mikroeindringhärte der Lackfilme vor den verschiedenen Bewitterungen [N/mm²]				
	Referenz	Belichtung in Luft	Belichtung in ozonhaltiger Luft	Belastung mit ozonhaltiger Luft
	183,8 ± 0,9	184,0 ± 0,6	183,6 ± 1,0	182,6 ± 0,6
Zeit [h]	**Änderung der Mikroeindringhärte von verschieden bewitterten Lackfilmen***			
0	0,0	0,0	0,0	0,0
290	3,1	6,0	8,1	6,0
580	15,0	31,8	29,9	11,8
870	12,3	38,9	37,5	10,8
1160	7,6	39,1	38,2	7,6

* Eindringtiefe: 4,12 ± 0,05 μm

Tabelle 46 **Glanz (20°) vor der Bewitterung und dessen Änderungen beim Abbau von aliphatischen Polyesterurethanfilmen in verschiedenen Testatmosphären**

Glanz (20°) der Lackfilme vor den verschiedenen Bewitterungen [Reflektometereinheiten]				
	Referenz	Belichtung in Luft	Belichtung in ozonhaltiger Luft	Belastung mit ozonhaltiger Luft
	88,8 ± 0,8	89,7 ± 1,2	90,5 ± 1,0	90,8 ± 0,5
Zeit [h]	**Glanzänderung (20°) von verschieden bewitterten Lackfilmen**			
0	0,00 ± 0,00	0,00 ± 0,00	0,00 ± 0,00	0,00 ± 0,00
290	-0,20 ± 0,30	-0,30 ± 0,20	-1,90 ± 0,20	0,50 ± 0,20
580	-0,40 ± 0,50	-0,20 ± 0,30	-3,40 ± 0,30	-0,30 ± 0,40
870	-0,80 ± 0,30	-0,70 ± 0,10	-3,70 ± 0,50	-0,40 ± 0,10
1160	-1,10 ± 0,30	-0,60 ± 0,30	-3,70 ± 0,40	-2,30 ± 0,40

Tabelle 47 Glanzschleier vor der Bewitterung und dessen Änderungen beim Abbau von aliphatischen Polyesterurethanfilmen in verschiedenen Testatmosphären

Glanzschleier der Lackfilme vor den verschiedenen Bewitterungen [Skalenteile]				
	Referenz	Belichtung in Luft	Belichtung in ozonhaltiger Luft	Belastung mit ozonhaltiger Luft
	66,3 ± 8,3	62,3 ± 11,1	52,9 ± 11,1	49,8 ± 8,0
Zeit [h]	**Glanzschleieränderung von verschieden bewitterten Lackfilmen**			
0	0,00 ± 0,00	0,00 ± 0,00	0,00 ± 0,00	0,00 ± 0,00
290	2,40 ± 0,90	0,60 ± 1,90	0,40 ± 1,20	2,50 ± 1,10
580	5,60 ± 1,00	0,60 ± 1,70	0,50 ± 1,20	2,90 ± 1,20
870	7,40 ± 1,20	0,60 ± 1,00	1,80 ± 1,20	5,40 ± 1,30
1160	8,80 ± 1,20	1,90 ± 0,70	5,90 ± 1,20	7,80 ± 1,30

Tabelle 48 Farbort (b*-Wert) vor der Bewitterung und dessen Änderungen beim Abbau von aliphatischen Polyesterurethanfilmen in verschiedenen Testatmosphären

b*-Wert der Lackfilme vor den verschiedenen Bewitterungen* [Skalenteile]				
	Referenz	Belichtung in Luft	Belichtung in ozonhaltiger Luft	Belastung mit ozonhaltiger Luft
	0,33 ± 0,03	0,37 ± 0,19	0,39 ± 0,10	0,37 ± 0,12
Zeit [h]	**Änderung des b*-Wertes von verschieden bewitterten Lackfilmen***			
0	0,00 ± 0,00	0,00 ± 0,00	0,00 ± 0,00	0,00 ± 0,00
290	0,00 ± 0,01	2,19 ± 0,07	2,43 ± 0,04	0,00 ± 0,01
580	-0,02 ± 0,01	3,09 ± 0,20	3,34 ± 0,09	0,03 ± 0,01
870	-0,01 ± 0,01	4,47 ± 0,46	4,43 ± 0,23	0,03 ± 0,01
1160	0,00 ± 0,01	4,91 ± 0,19	5,56 ± 0,15	0,03 ± 0,02

* Werte ohne Glanz

Tabelle 49 Farbort (a*-Wert) vor der Bewitterung und dessen Änderungen beim Abbau von aliphatischen Polyesterurethanfilmen in verschiedenen Testatmosphären

a*-Wert der Lackfilme vor den verschiedenen Bewitterungen* [Skalenteile]				
	Referenz	Belichtung in Luft	Belichtung in ozonhaltiger Luft	Belastung mit ozonhaltiger Luft
	-0,51 ± 0,01	-0,50 ± 0,03	-0,50 ± 0,02	-0,51 ± 0,02
Zeit [h]	**Änderung des a*-Wertes von verschieden bewitterten Lackfilmen***			
0	0,00 ± 0,00	0,00 ± 0,00	0,00 ± 0,00	0,00 ± 0,00
290	0,01 ± 0,01	-0,81 ± 0,03	-0,88 ± 0,01	0,00 ± 0,01
580	0,01 ± 0,01	-1,01 ± 0,04	-1,09 ± 0,03	-0,01 ± 0,01
870	0,00 ± 0,01	-1,22 ± 0,07	-1,31 ± 0,06	0,00 ± 0,01
1160	0,00 ± 0,01	-1,35 ± 0,04	-1,49 ± 0,03	0,00 ± 0,01

* Werte ohne Glanz

Tabelle 50 Gelanteil und löslicher Anteil von aliphatischen Polyesterurethanfilmen nach 1160 Stunden Bewitterung in verschiedenen Testatmosphären

		Anteil in [%] nach		
	Referenz	Belichtung in Luft	Belichtung in ozonhaltiger Luft	Belastung mit ozonhaltiger Luft
Gel	95,7	96,9	98,2	97,3
löslich	4,3	4,1	1,8	2,7
gesamt	100,0 (= 4,15 mg)	100,0 (= 4,16 mg)	100,0 (= 3,42 mg)	100,0 (= 3,77 mg)

Anhang 4 Meßwerte vor der Bewitterung und Differenzen zum Abbau des trocknenden Alkydharzes

Tabelle 51 Gewichte vor der Bewitterung und deren Änderungen beim Abbau von Alkydharzfilmen in verschiedenen Testatmosphären

Zeit [h]	Änderung des Gewichtes von verschieden bewitterten Lackfilmen in [mg]			
	Referenz*	Belichtung in Luft	Belichtung in ozonhaltiger Luft	Belastung mit ozonhaltiger Luft
0	0,00 ± 0,00	0,00 ± 0,00	0,00 ± 0,00	0,00 ± 0,00
290	-7,50 ± 0,28	-11,78 ± 0,14	-6,60 ± 0,34	-2,75 ± 0,23
580	-11,44 ± 0,43	-17,56 ± 0,26	-14,20 ± 0,08	-3,71 ± 0,24
870	-13,76 ± 0,44	-20,40 ± 0,28	-17,90 ± 0,17	-3,18 ± 0,26
1160	-15,78 ± 0,72	-23,78 ± 0,30	-32,32 ± 0,21	-2,66 ± 0,39

* Die durchschnittlichen Filmgewichte vor der Bewitterung betrugen 344,63 mg.

Tabelle 52 Pendelhärten vor der Bewitterung und deren Änderungen beim Abbau von Alkydharzfilmen in verschiedenen Testatmosphären

	Pendelhärte der Lackfilme vor den verschiedenen Bewitterungen [Pendelschwingungen]			
	Referenz	Belichtung in Luft	Belichtung in ozonhaltiger Luft	Belastung mit ozonhaltiger Luft
	47,5 ± 0,5	47,0 ± 0,0	46,5 ± 0,5	46,8 ± 0,4
Zeit [h]	**Änderung der Pendelhärten von verschieden bewitterten Lackfilmen**			
0	0,00 ± 0,00	0,00 ± 0,00	0,00 ± 0,00	0,00 ± 0,00
290	7,70 ± 0,00	19,70 ± 0,50	9,30 ± 0,70	1,20 ± 0,40
580	13,20 ± 0,50	18,50 ± 0,50	9,50 ± 0,50	0,00 ± 0,50
870	13,20 ± 0,50	10,00 ± 0,90	3,30 ± 0,60	-3,60 ± 0,50
1160	13,20 ± 0,40	6,30 ± 1,00	0,70 ± 0,70	-5,10 ± 0,40

Tabelle 53 Mikroeindringhärten vor der Bewitterung und deren Änderungen beim Abbau von Alkydharzfilmen in verschiedenen Testatmosphären

Mikroeindringhärte der Lackfilme vor den verschiedenen Bewitterungen [N/mm²]				
	Referenz	Belichtung in Luft	Belichtung in ozonhaltiger Luft	Belastung mit ozonhaltiger Luft
	19,4 ± 0,3	19,2 ± 0,1	18,4 ± 0,2	18,5 ± 0,1
Zeit [h]	**Änderung der Mikroeindringhärte von verschieden bewitterten Lackfilmen***			
0	0,00	0,00	0,00	0,00
290	24,60	63,20	46,80	19,10
580	25,20	59,20	42,20	4,20
870	19,60	42,90	28,80	-4,30
1160	18,80	36,30	23,70	-7,00

* Eindringtiefe: 4,39 ± 0,1 µm

Tabelle 54 Glanz (20°) vor der Bewitterung und dessen Änderungen beim Abbau von Alkydharzfilmen in verschiedenen Testatmosphären

Glanz (20°) der Lackfilme vor den verschiedenen Bewitterungen [Reflektometereinheiten]				
	Referenz	Belichtung in Luft	Belichtung in ozonhaltiger Luft	Belastung mit ozonhaltiger Luft
	83,7 ± 0,5	53,3 ± 1,3	86,0 ± 1,1	85,1 ± 1,3
Zeit [h]	**Glanzänderung (20°) von verschieden bewitterten Lackfilmen**			
0	0,00 ± 0,00	0,00 ± 0,00	0,00 ± 0,00	0,00 ± 0,00
290	-3,80 ± 0,40	-1,50 ± 0,50	0,30 ± 0,30	1,80 ± 0,40
580	-6,20 ± 0,60	-2,30 ± 0,60	-1,30 ± 0,30	1,40 ± 0,60
870	-7,30 ± 0,80	-2,30 ± 0,60	-1,20 ± 0,20	1,20 ± 0,60
1160	-8,30 ± 0,90	-3,40 ± 0,80	-2,20 ± 0,40	0,80 ± 0,40

Tabelle 55 Glanzschleier vor der Bewitterung und dessen Änderungen beim Abbau von Alkydharzfilmen in verschiedenen Testatmosphären

Glanzschleier der Lackfilme vor den verschiedenen Bewitterungen [Skalenteile]				
	Referenz	Belichtung in Luft	Belichtung in ozonhaltiger Luft	Belastung mit ozonhaltiger Luft
	118 ± 6	92 ± 15	87 ± 13	97 ± 19
Zeit [h]	**Glanzschleieränderung von verschieden bewitterten Lackfilmen**			
0	0,00 ± 0,00	0,00 ± 0,00	0,00 ± 0,00	0,00 ± 0,00
290	56,60 ± 4,90	40,70 ± 3,60	20,40 ± 4,00	37,30 ± 5,40
580	89,00 ± 6,60	52,80 ± 4,50	31,20 ± 5,40	53,50 ± 7,80
870	103,00 ± 8,20	53,60 ± 8,50	26,40 ± 3,00	55,50 ± 9,10
1160	115,00 ± 9,30	67,40 ± 10,00	40,40 ± 6,60	61,20 ± 8,80

Tabelle 56 Farbort (b*-Wert) vor der Bewitterung und dessen Änderungen beim Abbau von Alkydharzfilmen in verschiedenen Testatmosphären

b*-Wert der Lackfilme vor den verschiedenen Bewitterungen* [Skalenteile]				
	Referenz	Belichtung in Luft	Belichtung in ozonhaltiger Luft	Belastung mit ozonhaltiger Luft
	12,60 ± 0,21	12,48 ± 0,09	12,35 ± 0,07	12,18 ± 0,23
Zeit [h]	**Änderung des b*-Wertes von verschieden bewitterten Lackfilmen***			
0	0,00 ± 0,00	0,00 ± 0,00	0,00 ± 0,00	0,00 ± 0,00
290	0,17 ± 0,04	-1,79 ± 0,08	-1,76 ± 0,06	-0,54 ± 0,06
580	0,17 ± 0,08	-2,50 ± 0,11	-2,52 ± 0,04	-0,73 ± 0,07
870	0,25 ± 0,06	-2,87 ± 0,09	-2,82 ± 0,08	-0,81 ± 0,04
1160	0,05 ± 0,04	-2,91 ± 0,11	-2,91 ± 0,09	-1,23 ± 0,08

* Werte ohne Glanz

Tabelle 57 Farbort (a*-Wert) vor der Bewitterung und dessen Änderungen beim Abbau von Alkydharzfilmen in verschiedenen Testatmosphären

a*-Wert der Lackfilme vor den verschiedenen Bewitterungen* [Skalenteile]				
	Referenz	Belichtung in Luft	Belichtung in ozonhaltiger Luft	Belastung mit ozonhaltiger Luft
	-1,52 ± 0,02	-1,45 ± 0,05	-1,49 ± 0,03	-1,52 ± 0,02
Zeit [h]	**Änderung des a*-Wertes von verschieden bewitterten Lackfilmen***			
0	0,00 ± 0,00	0,00 ± 0,00	0,00 ± 0,00	0,00 ± 0,00
290	-0,18 ± 0,02	0,11 ± 0,03	0,12 ± 0,03	-0,18 ± 0,01
580	-0,13 ± 0,02	0,20 ± 0,03	0,22 ± 0,03	-0,16 ± 0,03
870	-0,14 ± 0,02	0,22 ± 0,03	0,24 ± 0,05	-0,17 ± 0,02
1160	-0,05 ± 0,01	0,21 ± 0,02	0,21 ± 0,03	0,00 ± 0,04

* Werte ohne Glanz

Anhang 5 Meßwerte vor der Bewitterung und Differenzen zum Abbau des melaminvernetzten Alkydharzes

Tabelle 58 Änderung der Gewichte beim Abbau von melaminvernetzten Alkydharzfilmen in verschiedenen Testatmosphären

Zeit [h]	Änderung des Gewichtes von verschieden bewitterten Lackfilmen in [mg]			
	Referenz*	Belichtung in Luft	Belichtung in ozonhaltiger Luft	Belastung mit ozonhaltiger Luft
0	0,00 ± 0,00	0,00 ± 0,00	0,00 ± 0,00	0,00 ± 0,00
290	-5,08 ± 0,45	-13,55 ± 0,43	-9,60 ± 1,18	-3,96 ± 0,43
580	-9,54 ± 0,73	-27,60 ± 1,48	-17,34 ± 1,56	-7,90 ± 0,56
870	-13,11 ± 0,99	-37,88 ± 1,01	-21,67 ± 1,84	-8,37 ± 0,59
1160	-13,52 ± 1,13	-42,98 ± 2,22	-25,68 ± 2,21	-8,04 ± 0,76

* Die durchschnittlichen Filmgewichte vor der Bewitterung betrugen 287,56 mg.

Tabelle 59 Pendelhärten vor der Bewitterung und deren Änderungen beim Abbau von melaminvernetzten Alkydharzfilmen in verschiedenen Testatmosphären

	Pendelhärte der Lackfilme vor den verschiedenen Bewitterungen [Pendelschwingungen]			
	Referenz	Belichtung in Luft	Belichtung in ozonhaltiger Luft	Belastung mit ozonhaltiger Luft
	45,4 ± 0,5	44,6 ± 0,5	45,0 ± 0,6	44,3 ± 0,5
Zeit [h]	**Änderung der Pendelhärten von verschieden bewitterten Lackfilmen**			
0	0,00 ± 0,00	0,00 ± 0,00	0,00 ± 0,00	0,00 ± 0,00
290	-0,40 ± 0,00	9,70 ± 0,50	5,70 ± 0,70	0,90 ± 0,40
580	-0,40 ± 0,50	18,20 ± 0,50	2,60 ± 0,50	-1,50 ± 0,50
870	-0,80 ± 0,50	19,80 ± 0,90	-1,00 ± 0,60	-5,70 ± 0,50
1160	-1,00 ± 0,40	20,50 ± 1,00	-2,60 ± 0,70	-7,50 ± 0,40

Tabelle 60 **Mikroeindringhärten vor der Bewitterung und deren Änderungen beim Abbau von melaminvernetzten Alkydharzfilmen in verschiedenen Testatmosphären**

Mikroeindringhärte der Lackfilme vor den verschiedenen Bewitterungen [N/mm²]				
	Referenz	Belichtung in Luft	Belichtung in ozonhaltiger Luft	Belastung mit ozonhaltiger Luft
	26,8 ± 0,2	26,8 ± 0,5	26,4 ± 0,3	25,9 ± 0,5
Zeit [h]	**Änderung der Mikroeindringhärte von verschieden bewitterten Lackfilmen***			
0	0,00	0,00	0,00	0,00
290	-2,40	26,50	19,50	4,10
580	-1,60	46,90	11,90	-4,70
870	-6,20	51,00	3,70	-13,90
1160	-10,00	51,90	2,10	-16,70

* Eindringtiefe: 4,14 ± 0,10 µm

Tabelle 61 **Glanz (20°) vor der Bewitterung und dessen Änderungen beim Abbau von melaminvernetzten Alkydharzfilmen in verschiedenen Testatmosphären**

Glanz (20°) der Lackfilme vor den verschiedenen Bewitterungen [Reflektometereinheiten]				
	Referenz	Belichtung in Luft	Belichtung in ozonhaltiger Luft	Belastung mit ozonhaltiger Luft
	60,5 ± 2,4	59,7 ± 2,3	63,7 ± 2,5	62,2 ± 3,5
Zeit [h]	**Glanzänderung (20°) von verschieden bewitterten Lackfilmen**			
0	0,00 ± 0,00	0,00 ± 0,00	0,00 ± 0,00	0,00 ± 0,00
290	0,00 ± 0,30	-7,10 ± 0,40	-4,30 ± 0,50	1,70 ± 0,20
580	-0,40 ± 0,20	-13,70 ± 0,50	-8,10 ± 0,20	2,70 ± 0,30
870	-0,60 ± 0,20	-18,10 ± 0,30	-9,80 ± 0,40	4,40 ± 0,30
1160	-1,30 ± 0,30	-22,10 ± 0,50	-11,50 ± 0,80	5,20 ± 0,40

Tabelle 62 Glanzschleier vor der Bewitterung und dessen Änderungen beim Abbau von melaminvernetzten Alkydharzfilmen in verschiedenen Testatmosphären

Glanzschleier der Lackfilme vor den verschiedenen Bewitterungen [Skalenteile]				
	Referenz	Belichtung in Luft	Belichtung in ozonhaltiger Luft	Belastung mit ozonhaltiger Luft
	382 ± 20	389 ± 22	353 ± 26	367 ± 32
Zeit [h]	**Glanzschleieränderung von verschieden bewitterten Lackfilmen**			
0	0,00 ± 0,00	0,00 ± 0,00	0,00 ± 0,00	0,00 ± 0,00
290	10,80 ± 1,90	65,40 ± 4,80	61,20 ± 3,10	11,90 ± 1,10
580	23,30 ± 1,40	110,20 ± 7,80	98,40 ± 5,70	16,30 ± 1,90
870	28,90 ± 1,10	132,00 ± 10,00	112,00 ± 7,80	6,70 ± 1,70
1160	38,70 ± 2,30	150,00 ± 12,00	133,00 ± 9,30	4,80 ± 2,10

Tabelle 63 Farbort (b*-Wert) vor der Bewitterung und dessen Änderungen beim Abbau von melaminvernetzten Alkydharzfilmen in verschiedenen Testatmosphären

b*-Wert der Lackfilme vor den verschiedenen Bewitterungen* [Skalenteile]				
	Referenz	Belichtung in Luft	Belichtung in ozonhaltiger Luft	Belastung mit ozonhaltiger Luft
	0,33 ± 0,10	0,41 ± 0,10	0,43 ± 0,10	0,45 ± 0,10
Zeit [h]	**Änderung des b*-Wertes von verschieden bewitterten Lackfilmen***			
0	0,00 ± 0,00	0,00 ± 0,00	0,00 ± 0,00	0,00 ± 0,00
290	0,05 ± 0,01	0,51 ± 0,02	0,46 ± 0,01	0,03 ± 0,01
580	0,10 ± 0,01	0,59 ± 0,01	0,58 ± 0,02	0,05 ± 0,01
870	0,10 ± 0,01	0,63 ± 0,01	0,71 ± 0,02	0,02 ± 0,01
1160	0,12 ± 0,01	0,68 ± 0,03	1,11 ± 0,08	0,02 ± 0,01

* Werte ohne Glanz

Tabelle 64 Farbort (a*-Wert) vor der Bewitterung und dessen Änderungen beim Abbau von melaminvernetzten Alkydharzfilmen in verschiedenen Testatmosphären

a*-Wert der Lackfilme vor den verschiedenen Bewitterungen* [Skalenteile]				
	Referenz	Belichtung in Luft	Belichtung in ozonhaltiger Luft	Belastung mit ozonhaltiger Luft
	-0,5 ± 0,01	-0,50 ± 0,02	-0,49 ± 0,01	-0,50 ± 0,02
Zeit [h]	**Änderung des a*-Wertes von verschieden bewitterten Lackfilmen***			
0	0,00 ± 0,00	0,00 ± 0,00	0,00 ± 0,00	0,00 ± 0,00
290	0,00 ± 0,01	-0,19 ± 0,01	-0,18 ± 0,01	0,00 ± 0,01
580	-0,02 ± 0,01	-0,21 ± 0,01	-0,22 ± 0,01	0,00 ± 0,01
870	-0,02 ± 0,01	-0,23 ± 0,01	-0,25 ± 0,01	0,00 ± 0,01
1160	-0,02 ± 0,01	-0,25 ± 0,01	-0,37 ± 0,03	0,01 ± 0,01

* Werte ohne Glanz

8 Literaturverzeichnis

[1] W.R. Thiel, K. Grefen: GUS-Fachtagung „Materialien in ihrer Umwelt", 24./25.09.1996, Vortragsband D6

[2] S. Luckat, Staub-Reinh. d. Luft **41** (1981) 440

[3] L. Goretzki, M. Fünting, Bautenschutz Bausanierung **10** (1987) 104

[4] D. Knöfel, Bautenschutz Bausanierung **1** (1978) 50

[5] Z. Cai, P. Ehrler: GUS-Fachtagung „Umwelteinflüsse auf technische Erzeugnisse", 21-23.03.1990, 4. Sitzung: „Lebensdauer und Alterung in Abhängigkeit von Umweltbedingungen"

[6] W. Mielke, P. Trubiroha, Materialprüfung **30** (1988) 316

[7] H. Haagen, Farbe und Lack **6** (1983) 410

[8] L. Dulog, A. Huber, Makromol. Chem. **55**(10) (1983) 1025

[9] R. Lechler; Dissertation Universität Stuttgart, 1992

[10] J.C. Farman, B.G. Gardiner, J.D. Shanklin; Nature **315** (1985) 207

[11] R. Zellner, Z. Umweltchem. Ökotox. **3**(1) (1991) 52

[12] H.M. Wagner, Z. Umweltchem. Ökotox. **2**(4) (1990) 215

[13] H.Jr. Sanderman, C. Langebartels, W. Heller, Z. Umweltchem. Ökotox. **2**(1) (1990) 14

[14] DIN 53509 Teil 1: „Prüfung von Kautschuk und Elastomeren: Bestimmung der Beständigkeit gegen Rißbildung unter Ozoneinwirkung, Statische Beanspruchung", 05/1990

[15] B. Elvers, S. Hawkins, G. Schulz (Ed.): „Ullmann's Encyclopedia of Industrial Chemistry", Vol. A18, VCH Verlagsgesellschaft mbH, Weinheim 5th Ed. 1991, 349

[16] Berufsgenossenschaft der chemischen Industrie (Hrsg.): „Ozon Merkblatt 052", Jedermann-Verlag Dr. Otto Pfeffer oHG, Heidelberg 1988 a) S. 1 b) S. 11

[17] A.F. Hollemann, N. Wiberg (Hrsg.): „Lehrbuch der Anorganischen Chemie", de Gruyter, Berlin, 101. Aufl. 1995, 514

[18] R.W.C. Hansen, J. Wolske, D. Wallace, M. Bissen, Nucl. Instr. and Meth. in Phys. Res. **A 347** (1994) 249

[19] W. Siemens, Ann. Physik **102** (1957) 66, 120

[20] E. Briner, Adv. Chem. Ser. **21** (1959) 405

[21] F. Suppan, Chemie-Technik **9** (1980) 297

[22] W. Reichelt, K. Schwarz, E. Feuerstacke, Brunnenbau, Bau Wasserwerke, Rohrleitungsbau **31** (1980) 151

[23] R. D. Penzhorn, H. E. Poppel, K. Günther: Kernforschungszentrum Karlsruhe „Literaturzusammenstellung über Analytik, Eigenschaften und Zerstörungsmethoden von Ozon“, KfK-Ext. 10/78-1

[24] Drägerwerk AG (Hrsg.): Dräger-Röhrchenhandbuch: „Boden-, Wasser- und Luftuntersuchungen sowie technische Gasanalyse“, Lübeck 1994, 9. Ausgabe, S. 166

[25] B. Seifert, H.M. Wagner, H. Press, Gesundheits-Ingenieur **97** (1976) 225

[26] S. Toby, Chem. Rev. **84** (1984) 277

[27] E. Nonnenmacher, Wasser, Luft und Betrieb **22** (1978) 549

[28] P.E. Erni, L. Pelloni, Chem.-Tech. **9** (1980) 301

[29] D. Maier, G.E. Kurzmann, Wasser, Luft und Betrieb **31** (1977) 125

[30] H. Smuda, GIT Fachz. Lab. **1** (1997) 65

[31] C.E. Thorp: „Physical and Pharmacological Properties“, Bibliography of Ozone Technology, Vol. 2, Armour Research Foundation, Illinois Institute of Technology, Chicago 1955, S. 43

[32] G.E. Kurzmann, Brunnenbau, Bau Wasserwerke, Rohrleitungsbau **31** (1980) 160

[33] M. Teramoto, S. Imamura, N. Yatagai, V. Nishikawa, H. Teranishi, J. Chem. Eng. Jpn. **14** (1981) 383

[34] C. Bliefert: „Umweltchemie“, VCH Verlagsgesellschaft mbH Weinheim, 1994
a) S. 100ff b) S. 194ff c) S. 177ff

[35] F.S. Rowland, M. Molina, Rev. Geophys. Space Phys. **13** (1975) 1

[36] P. Rabel, P. Steil, GIT Fachz. Lab. **40**(6) (1996) 594

[37] G. Kämpf, Die Angew. Makromol. Chem. **176/177** (1990) 1

[38] H.G.O. Becker: „Einführung in die Photochemie“, Thieme Verlag Stuttgart, 1983
a) S. 71 b) S. 255 c) S. 94 d) S. 417 e) S. 246

[39] S.T. Henderson: „Daylight and its spectrum“, Adam Hilger London 1970, S. 1

[40] J.F. Rabek, „Polymer Photodegradation - Mechanisms and experimental Methods“, Chapman & Hall London 1995 a) S. 399ff b) S. 33 c) S. 40 d) S. 27f
e) S. 32 f) S. 269 g) S. 433

[41] M. Gauthier, D.R. Snelling, J. of Chem. Phys. **54** (1971) 4317

[42] K.H. Becker, Z. Umweltchem. Ökotox. **3**(1) (1991) 48

[43] H. Kropf, E. Müller, O. Weickmann: „Ozon als Oxidationsmittel“ in Houben-Weyl „Methoden der organischen Chemie“, 4. Aufl. Bd. 4/1a, Thieme Verlag Stuttgart 1981, S. 5ff

[44] G.A. Hamilton, B.S. Ribner, Th.M. Hellman, Adv. Chem. Ser. **77** (1968) 15

[45] S.W. Benson, Adv. Chem. Ser. **66** (1957) 74

[46] J. March: „Advanced Organic Chemistry Reactions, Mechanisms and Structure“, 3th Edition, John Wiley & Sons, 1985, S. 1066ff

[47] H. Sandermann Jr., C. Langebartels, W. Heller, Z. Umweltchem. Ökotox. **2**(1) (1990) 14

[48] E.M. Bevilaqua, E.S. Englisch, E.E. Philipp, J. Org. Chem. **25** (1960) 1276

[49] E.D. Moris, H. Niki, J. Phys. Chem. **75** (1971) 3640

[50] S.D. Razumovskii, A.A. Kefeli, G.E. Zaikov, Europ. Polym. J. **7** (1971) 275

[51] G.C. Cameron, N. Grassie, Makromol. Chem. **53** (1962) 72

[52] S.D. Razumovskii, G.E. Zaikov, Dev. Polym. Deg. Stab. **6** (1983) 239

[53] J. Peeling, M.S. Jazaar, D.T. Clark, J. Polym. Sci. Polym. Chem. **A 20** (1982) 1797

[54] S. Rimmer, J.R. Ebdon, J. Polym. Sci. Polym. Chem. **A 34** (1996) 3573

[55] C.C. Lai, S.H. Yang, B.J. Finlayson-Pitts, Langmuir **10** (1994) 4637

[56] J.F. Rabek: „Photostabilisation of Polymers Principles and Application“, Elsevier Applied Science London 1990 a) S. 1 b) S. 3 c) S. 4 d) S. 5

[57] N.M. Emanuel, Polym. Sci. USSR **20** (1979) 2973

[58] N.M. Emanuel, J. Polym. Symp. **51** (1979) 77

[59] J.F. Rabek: „Photodegradation of Polymers Physical Characteristics and Application“, Springer Verlag Berlin 1996 a) S.33 b) S. 98ff c) S. 74 d) S. 79 e) S. 83 f) S. 82 g) S. 64

[60] J. Mita: „Effect of Structure on Degradation and Stability of Polymers“ in „Aspects of Degradation and Stabilisation of Polymers“, ed. by H.H.G. Jellinek, Elsevier Scientific PublishingCompany, Amsterdan 1979, S. 257

[61] A. Garton, D.J. Carlsson, D.M. Wiles, Makromol. Chem. **181** (1980) 1841

[62] P. Brennan, C. Fedor: „Sunlight, Ultraviolet, and Accelerated Weathering“ in „Coatings Technology Handbook“, ed. by D. Setes, Marcel Dekker, New York 1991, S. 85

[63] S.N. Allen, K.O. Fatinikun, Polym. Degrad. Stabil. **3** (1981) 327

[64] G. Geusken, C. David, Pure and Appl. Chem. **49** (1977) 479

[65] D. Stoye, W. Freitag (Hrsg.): „Lackharze Chemie, Eigenschaften und Anwendungen", Carl Hanser Verlag München Wien 1996 a) S. 323 b) S. 316 c) S. 230 d) S. 183 e) S. 61 f) S. 111 g) S. 422

[66] H.A. Razavi, B. G. Frushour, Modern Paint and Coatings **84** (1994) 28

[67] P.J. Burchill, G.A. George, J. Polym. Sci. Part **B 12** (1974) 497

[68] B. Ranby, J.F. Rabek: „Photodegradation, Photooxidation and Photostabilisation of Polymers", John Wiley& Sons, Londen 1975, S. 272

[69] J.B. Lawrence, N.A. Weir, J. Polym. Sci. Polym. Chem. Ed. **11** (1973) 105

[70] J. Lucki, J.F. Rabek, B. Ranby, Y.C. Jiang, Polymer **27** (1986) 1193

[71] G. Geusken, D. Baeyens-Volant, G. Delaunois, Q. Lu-Vinh, W. Piret, C. David, Europ. Polym. J. **14** (1978) a) S. 291 b) S. 299

[72] L. Dulog, E. Radlmann, W. Kern, Makromol. Chem. **60** (1963) 1

[73] J.F. Rabek, B. Ranby, J. Polym. Sci. Polym. Chem. Ed. **12** (1974) 273

[74] E. Penzel: „Polyacrylates" in Ullmann's Encyclopedia of Industrial Chemistry VCH 1992, Vol A21, S. 157

[75] B. Dickens, J.W. Martin, D. Waksman, Polymer **25** (1984) 706

[76] N. Siampiringue, J.-P. Leca, J. Lemaire, Eur. Polym. J. **27**(7) (1991) 633

[77] A. Gupta, R. Liang, F.D. Tsay, J. Moacanin, Macromolecules **13** (1980) 1696

[78] A. Faucitano, A. Buttafava, G. Camino, L. Greci, Trends in Polym. Sci. **4**(3) (1996) 92

[79] A. Torikai, M. Ohno, K. Fueki, J. Appl. Polym. Sci. **41** (1990) 1023

[80] R.H. Liang, F.-D. Tsay, A. Gupta, Makromolecules **15** (1980) 974

[81] K. Morimoto, S. Suzuki, J. Appl. Polym. Sci. **16** (1972) 2947

[82] H.R. Dickinson, C.E. Rogers, R. Simaha, ACS Symp. Ser. **220** (1983) 275

[83] J.W. Muskopf, S.B. McCollister: „Epoxy Resins" in Ullmanns Encyclopedia of Industrial Chemistry VCH 1992, Vol A9, S. 547

[84] S.C. Lin, B.J. Bulkin, E.M. Pearce, J. Polym. Sci. Polym. Chem. Ed. **17** (1979) 3121

[85] G. Zhang, W.G. Pitt, S.R. Goates, N.L. Owen, J. Appl. Polym. Sci. **54** (1994) 419

[86] J.C. Graham, D.J. Graber, Y. Liu, P.K. Kukkala, Polym. Mater. Sci. Eng. **60** (1989) 31

[87] V. Bellenger, J. Verdu, J. Appl. Polym. Sci. **28** (1983) 2677

[88] V. Bellenger, C. Bouchard, P. Claveirolle, J. Verdou, Polym. Photochem. **1** (1981) 69

[89] V. Bellenger, J. Verdu, J. Appl. Polym. Sci. **30** (1985) 363

[90] D. Dieterich, K. Uhlig: „Polyurethanes" in Ullmanns Encyclopedia of Industrial Chemistry, VCH 1992, Vol A21, S. 665

[91] T.E. Cauffman, Modern paint and coatings **85**(6) (1995) 32

[92] C. Decker, K. Moussa, Polym. Mat. Sci. Eng. **58** (1988) 338

[93] J.-L. Gardette, J. Lemaire, Makromol. Chem. **182** (1981) 2723

[94] H. Schultze, Die Makromolekulare Chemie **172** (1973) 57

[95] J. Lemaire, R. Arnaud, J.-L. Gardette, Pure Appl. Chem. **55**(10) (1983) 1603

[96] T.A. Potter, H.G. Schmelzer, R.D. Baker, Progress in Organic Coatings **12** (1984) 312

[97] F.N. Jones: „Paints and Coating" in Ullmanns Encyclopedia of Industrial Chemistry, VCH 1992, Vol A18, S. 389

[98] U. Semmler, R. Radtke, W. Grosch, Fette Seifen Anstrichmittel **81** (1979) 390

[99] S. Michaille, Z. Khalil, J. Lemaire, P. Arlaud, Makromol. Chem. Macromol. Symp. **25** (1989) 263

[100] J. Lucki, J.F. Rabek, B. Rånby, C. Ekström, Europ. Polym. J. **17** (1981) 919

[101] J. Voigt, Die Makromol. Chem. **27** (1958) 80

[102] D.R. Bauer, D.F. Mielewski, Polym.Deg. & Stab. **40** (1993) 349

[103] J.L. Gerlock, D.R. Bauer, L.M. Briggs, Prog. Org. Coat. **15** (1987) 197

[104] R.A. Dickie, Farbe und Lack **101** (1995) 518

[105] B. Erlandsson, A.-Chr. Albertsson, S. Karlsson, Polym. Degrad. Stab. **57** (1997) 15

[106] H. Günzler, H. Böck: „IR-Spektroskopie Eine Einführung", 2., überarb., Nachdr., VCH, Weinheim 1990

[107] E. Matheisen: „Chemische Modifizierung von Eisenoberflächen durch Belegung mit organischen Molekülen"; Max-Planck Institut für Eisenforschung, Düsseldorf 1993

[108] B.W. Johnson, R. McIntyre, Prog. org. coat. **27** (1996) 95

[109] K. Rehácek, M. Bradác, Farbe und Lack **102(**8) (1996) 40

[110] H. Kittel: „Lehrbuch der Lacke und Beschichtungen", Bd. VIII, Teil 1 Verlag W.A. Colomb, Berlin 1980, S. 163

[111] DIN 55676: „Lacke, Anstrichstoffe und ähnlicheBeschichtungsstoffe, Universalhärte von Beschichtungen“, 02/1996 (vorläufig)

[112] DIN 53157: „Lacke, Anstrichstoffe und ähnlicheBeschichtungsstoffe, Beurteilung des mechanischenDämpfungsverhaltens vonBeschichtungen mit dem Pendelgerät nach König (Pendeldämpfungsprüfung)‘, 01/1987

[113] K. Müller, Th. Barth, J. Boxhammer, Farbe und Lack **87** (1991) 55

[114] M. Oosterbroek, R.J. Lammers, L.G.J. van der Ven, J. Coat. Technol. **63** (1991) 55

[115] F.J. Balta-Calleja, C. Santa Cruz, R.K. Bayer, H.G. Kilian, Colloid Polym. Sci. **268** (1990) 440

[116] DIN 67530: „Reflekometer als Hilfsmittel zurGlanzbeurteilug an ebenen Anstrich- und Kunststoff-Oberflächen“, 01/1992

[117] A. Goldschmidt, B. Hantschke, E. Knappe, G.-F. Vock: „Glasurit-Handbuch Lacke und Farben“ 11. völlig neu bearb. erw. Auflage, Curt R. Vincentz Verlag, Hannover 1984 a) S. 239 b) S. 220

[118] L.A. Simpson, J. Oil. Colour. Chem. Assoc. **9** (1986) 232

[119] L. Dulog, U. Wustmann, Farbe und Lack **102**(2) (1996) 28-35

[120] DIN 6174: „Farbmetrische Bestimmung von Farbabständen bei Körperfarben nach der CIELAB-Formel“ 01/1979

[121] H.G. Völz: „Industrielle Farbprüfung“, VCH Verlagsgesellschaft Weinheim 1990

[122] Th. Frey, Farbe und Lack **101** (1995) 1006

[123] J. Falbe, H. Regitz (Hrsg.): „Römpp-Lexikon Chemie“ 10. Aufl. Bd.2, Thieme Verlag Stuttgart 1997, S. 1549

[124] M.E. Nichols, J.L. Gerlock, C.A. Smith, Polym. Deg. Stab. **56** (1997) 81

[125] B.-J. Niu, M.W. Urban, J. Appl. Polym. Sci. **56** (1995) 377

[126] L. Dulog, A. Huber, Makromol. Chem. **191** (1990) 1025

[127] D.H. Payer, L.W. Blank, C. Bosch, G. Gnatz, W. Schmolke, P. Schramel, Water, Air, Soil Pollut. **31** (1986) 485

[128] Mitteilung der FirmaWeiss Umwelttechnik GmbH, Reiskirchen

[129] Mitteilung der FirmaAnseros GmbH, Tübingen

[130] Mitteilung der Firma Anseros GmbH, Tübingen

[131] DIN 50 014: „Klimate und ihre technische Anwendung, Normalklimate“, 07/1996